3100
CHEVROLET

MICHAEL FÜNGELING

PICKUP

MULTITALENTE IM EINSATZ

Impressum

Impressum

HEEL Verlag GmbH
Gut Pottscheidt
53639 Königswinter
Telefon 0 22 23 / 92 30-0
Telefax 0 22 23 / 92 30 26
Mail: info@heel-verlag.de
Internet: www.heel-verlag.de

Verantwortlich für den Inhalt: Michael Füngeling

Lektorat: Jost Neßhöver

Fotos: Archive der Hersteller, HEEL Archiv, Alamy Stock Photo

Lithographie, Satz und Gestaltung: Ralph Handmann

Printed in Poland

ISBN: 978-3-95843-941-2

MICHAEL FÜNGELING

PICKUP

MULTITALENTE IM EINSATZ

HEEL

INHALT

TEIL I Die US-Klassiker

TEIL II Der Rest der Welt

VORWORT

Ein Buch über Pickup Trucks herauszubringen, wäre noch vor gar nicht langer Zeit als ein ziemlich abseitiges Unterfangen betrachtet worden. Mal ehrlich, wieviele Leute interessieren sich schon für Kleinlaster? Immer mehr, kann man heute mit Fug und Recht antworten. Wer mit offenen Augen auf Deutschlands Straßen unterwegs ist, also nicht ständig auf sein Smartphone schaut und dabei nur im rein physischen Sinne Verkehrsteilnehmer ist, der entdeckt eine wachsende Zahl solcher Vehikel um sich herum. Heutzutage gehören Pickups ganz normal zum Straßenbild.

Üblicherweise denkt man bei Fahrzeugen mit Ladefläche an Landwirtschaft oder Baugewerbe, die klassischen Zielgruppen für Pickups. Bedeutet die Zunahme von Kleinlastern – im Volumen wie in der Zahl – auf unseren Straßen also, dass sich immer mehr Deutsche für den Beruf des Landwirts oder des Baudienstleisters entscheiden?

Nein. Die meisten Pickup-Käufer sind heute keine typischen Nutzanwender mehr, sondern Stadtbewohner, die sich von der üblichen Familienlimousine verabschiedet haben. In ganz besonderem Maße trifft das natürlich auf das Stammland des Pickups zu. In den USA fahren immer mehr Menschen ganz selbstverständlich mit ihren oft riesigen Trucks ins Büro und zum Supermarkt. Selbst die oberen Zehntausend in Amerika finden heute nichts dabei, ihren Auftritt beim Golfturnier im Country-Club mit einem hochpreisigen Luxus-Pickup zu absolvieren. Es darf angenommen werden, dass sich der Trend zum Kleinlaster auch in Deutschland mehr und mehr verfestigt.

Unter diesen Umständen ist ein zeitgemäßes deutschsprachiges Buch über Pickup Trucks aus aller Welt sinnvoll. Dabei sei hier unmissverständlich klargestellt, dass dieses Werk keinen Anspruch auf Vollständigkeit erhebt. Angesichts der Fülle von Marken und Modellen, die es gab oder gibt, wäre das auch ein aussichtsloses Unterfangen. Das Hauptaugenmerk des Buches liegt auf echten Pickups, also solchen Fahrzeugen, bei denen die Ladefläche ein integraler Bestandteil der Karosserie ist. Kipplaster oder ähnliche Modelle mit aufgesetzten Ladeflächen werden hier also nur am Rande erwähnt. Dass die etablierten Pickup-Hersteller, namentlich Chevrolet, Dodge, Ford und GMC, hier besonders ausgiebig dargestellt werden, liegt daran, dass sie alle seit rund 100 Jahren ununterbrochen Light Trucks herstellen und Jahr für Jahr mehr Pickups bauen und verkaufen als alle anderen Hersteller zusammen. Soviel Truck-Power – in jeder Bedeutung des Begriffes – verdient besondere Erwähnung.

Die Auswahl, die der Autor getroffen hat, ist zwangsläufig eine subjektive. Wer in diesem Buch seinen absoluten Lieblings-Truck vermisst, dem sei geraten: 1. Hasskappe abnehmen, 2. ruhig hinsetzen, 3. tief durchatmen und 4. das Buch lesen. Es lohnt sich trotzdem.

EINLEITUNG

Durchmarsch der Alleskönner

909.330. So viele Trucks der F-Series von Ford (siehe Titelbild) wurden 2018 in den USA verkauft, 12.586 Einheiten mehr als noch im Jahr davor, aber tatsächlich weniger als im bislang erfolgreichsten Jahr 2004, als 939.511 F-Pickups über den Ladentisch gingen – bildlich gesprochen. Fords Full-Size Trucks sind die meistverkauften Neufahrzeuge überhaupt in den USA, und das ununterbrochen seit 1986.

Damit stehen sie in vorderster Linie eines nachhaltigen automobilen Megatrends, denn bereits im Jahr 2001 errangen Pickups, SUVs, Crossovers und Vans – in der US-Statistik unter der Sammelbezeichnung „Light Trucks" zusammengefasst – in Nordamerika erstmals einen Marktanteil von mehr als 50 Prozent bei den Neuwagenverkäufen. 2018 waren es sogar 69 Prozent, mehr als je zuvor.

Wo es einen Sieger gibt, gibt es auch einen Verlierer, und der ist und bleibt der klassische Familien-Pkw, den US-Amerikaner immer öfter links liegen lassen. Da hat der Käuferschwund mittlerweile dramatische Ausmaße angenommen, so dass die Ford Motor Company zum Modelljahr 2020 die Produktion nahezu aller Pkw-Modellreihen in Nordamerika einstellt. Einzige Ausnahme ist der nach wie vor kultige Mustang. Erz rivale General Motors entledigt sich gleichzeitig sechs seiner Pkw-Modellreihen, darunter der Chevrolet Impala, und Fiat-Chrysler hat ohnehin nur noch eine einzige solche Plattform mit drei Modellen (Dodge Chal-

lenger und Charger sowie Chrysler 300) im Angebot. Das große Geld verdienen die US-Hersteller mit ihren Trucks.

„Die spinnen, die Amis", denkt sich wahrscheinlich angesichts dieser Fakten so mancher europäischer Besserwisser, rümpft die Nase und zelebriert im Geiste seine überlegene Intelligenz. Ihm sei entgegengehalten, dass Pickups auch in der Alten Welt langsam aber sicher Marktanteile erobern, von den viel diskutierten SUVs ganz zu schweigen. 2018 wurden europaweit immerhin gut 200.000 Pickups verkauft, eine eher bescheidene Zahl verglichen mit den USA, aber eine deutliche Steigerung gegenüber den Vorjahren. Der beliebteste Truck Europas ist übrigens der Ford Ranger, sozusagen der kleine Bruder der amerikanischen F-Series, gefolgt von japanischen Modellen wie dem Toyota Hilux.

Ein klares Indiz für die zunehmende Popularität von Pickups in Europa ist außerdem die Tatsache, dass selbst eingefleischte Pkw-Hersteller wie Renault und Mercedes-Benz in jüngster Zeit eigene Pickup-Modelle herausgebracht haben. Offenkundig kann es sich kaum noch ein Anbieter leisten, nicht in diesem Marktsegment vertreten zu sein.

Per definitionem ist ein Pickup ein Kleinlaster mit ge-

schlossener Fahrerkabine und offener Ladefläche, also ein Pritschenwagen, um ein altmodisches deutsches Wort zu verwenden. In den USA werden Lkw üblicherweise in Gewichtsklassen eingeteilt, nämlich Light Duty, Medium Duty und Heavy Duty. Früher bezogen sich diese Klassifikationen auf die erlaubte Zuladung, wobei sich der Light Duty-Bereich von einer halben bis zu einer US-Tonne, also rund 454 bis 907 kg erstreckte. Mittlerweile ist die Messgröße das zulässige Gesamtgewicht eines Lasters, das bei Light Duty Trucks bis zu 4,5 Tonnen betragen darf. Medium Duty reicht bis 11,8 Tonnen Gesamtgewicht, darüber hinaus beginnt der Schwerlastbereich, der uns im Zusammenhang dieses Buches aber nicht interessiert.

Natürlich gibt es hierzulande wie überall in der Welt Landwirte oder Gewerbetreibende, die ein solches Fahrzeug gut gebrauchen können. Sie, die reinen Nutzanwender, machen aber in den großen Märkten der sogenannten entwickelten Länder nur noch einen kleinen Prozentsatz der Pickup-Käufer aus. Für die meisten Kunden in Europa und Nordamerika ist der Pickup ein Lifestyle-Fahrzeug, ein Ausdruck ihres Selbstverständnisses und ihrer Individualität. Sie sind es, die die Autoindustrie anzulocken versucht, indem sie ihre ur-

sprünglich als spartanische, laute und harte Nutzfahrzeuge ausgelegten Trucks mit opulenter Luxusausstattung pimpt, wie man auf Neudeutsch sagen würde.
In den Hochglanzbroschüren präsentieren die Autohersteller ihre Pickups gerne in scheinbar unberührter Natur, lassen die Trucks steile Berge erklimmen – gerne auch im Winter – oder Flüsse durchfahren, und das alles ist nicht einmal übertrieben. Mit einem modernen Pickup kann Otto Normalverbraucher dank serienmäßiger Klimaanlage bei gemütlichen 20 Grad Innentemperatur die Wüste Gobi durchqueren, bequem im mit atmungsaktivem Leder bezogenen Fahrersitz ruhend und die Massagefunktion genießend. Dabei schlürft er geruhsam seinen Latte Macchiato aus dem Supersize-Becher, den er zwischendurch im Cupholder des Trucks abstellt, um auf dem integrierten Display im Armaturenbrett die Nachrichten zu schauen, während er per Bluetooth dem Küchenchef im Kempinski in Ulan-Bator seine Menüwünsche für das Abendessen durchgibt. Abenteuer in der Wildnis genießt man eben am besten mit allem Komfort.

Einen Pickup kauft man heutzutage nicht, weil man ihn braucht, sondern weil man ihn will.

Mit solchen Gedanken im Kopf fährt der Pickup-Besitzer ins Büro oder zum Biolandwirt, um glückliche Eier von freilaufenden Bäuerinnen zu kaufen. Der Feldweg zum Ökohof ist bereits die größte fahrtechnische Herausforderung, die der typische Pickup in Europa jemals zu bewältigen hat, denn ansonsten wird er gepampert wie früher der kackbraune Familien-Audi-80 mit der obligatorischen Klopapierrolle im gehäkelten Häubchen auf der Hutablage.

Der aufmerksame Beobachter fragt sich an diesem Punkt, wie die Europäer eine zunehmend alarmistische, bisweilen geradezu hysterische Debatte über Klimaschutz führen können, während sie andererseits – wie die Amerikaner – mehr und mehr hochbeinige und schwere Pickups und SUVs kaufen, die erwiesenermaßen durchschnittlich 40 Prozent mehr Kraftstoff verbrauchen und entsprechend mehr Schadstoffe emittieren als herkömmliche Personenkraftwagen mit vergleichbarer Transportleistung.
Man kann das alles mit dem Gedanken abtun, dass es leichter ist, von anderen Verzicht zum Wohle des Klimas zu verlangen als ihn selbst zu üben, aber damit ist man einer Antwort auf die Frage, warum Pickups zum Alltagsphänomen werden bzw. in den USA längst geworden sind, keinen Schritt näher.
Natürlich sind die Verhältnisse in Nordamerika und Europa nur bedingt vergleichbar. Die USA sind dank Frackings mittlerweile der größte Erdölproduzent der Welt, waren aber schon früher nie auf Gedeih und Verderb vom Wohlwollen der OPEC-Staaten abhängig. Kraftstoffe sind allein deshalb in Nordamerika traditionell deutlich billiger als in der Alten Welt, die nahezu 100 Prozent ihres Benzins und Diesels importieren muss.
Diese Importabhängigkeit und der damit verbundene Abfluss von Devisen führte bereits im 20. Jahrhundert dazu, dass die europäischen Regierungen sowohl den Kraftstoff an sich als auch dessen Verbrauch über die Steuergesetzgebung zu kontrollieren versuchen. Aus diesem Grund verteuert die deutsche Kfz-Steuer den Besitz hubraumstarker Autos, deren Fahrer dann an der Tankstelle ein zweites Mal ordentlich zur Kasse gebeten werden. Ein V8 verbraucht nun einmal mehr Sprit als ein Vierzylinder mit vielleicht sogar kleineren Töpfen; die Physik kann man nicht betrügen.
Die Kfz-Steuer in den USA variiert von Bundesstaat zu Bundesstaat, basiert üblicherweise aber nicht auf der Motorgröße, sondern auf Gewicht, Alter und/oder Zustand des Fahrzeuges und liegt fast immer mehr oder weniger deutlich unter dem deutschen Steuersatz. Obendrein langt die US-Regierung beim Benzin nicht

so kräftig zu. Die Mehrwertsteuer (VAT oder Sales Tax) fällt meist niedriger aus oder wird überhaupt nicht erhoben, Mineralöl-, Bevorratungs- oder Ökosteuern sind ebenfalls geringer oder nicht vorhanden.
Der langen Rede kurzer Sinn: Tankstellenpreise wie in Deutschland ließen US-Amerikaner zur Waffe greifen. Solange der Liter Benzin aber nur halb so viel kostet wie hierzulande, bleibt die Flinte im Schrank, und die Amerikaner tauschen weiterhin nahtlos ihre übergewichtigen, chromblitzenden Straßenkreuzer von einst gegen riesige Pickups ein. Alte Gewohnheiten legt man halt nur schwer ab.
Was die Europäer angeht, so müssen sie nicht überall so hohe Kraftstoffpreise zahlen wie in Deutschland, aber selbst davon und trotz teils horrender Anschaffungspreise lassen sie sich nicht vom Kauf von immer mehr Pickups (und SUVs) abhalten. Offenkundig geht es vielen Europäern bei allem Jammern und Wehklagen wirtschaftlich so gut, dass ein veganes Mini-Öko-Sparmobil für sie nicht in Frage kommt.
Beim Autokauf geht es aber beileibe nicht nur ums Geld, sondern um Psychologie. Was bringt einen Menschen, der im Speckgürtel einer beliebigen Großstadt wohnt, dazu, sich einen Pickup zu kaufen, dessen einzigen Vorzug gegenüber einer kompakten Familienlimousine, nämlich seine Transportkapazität, er praktisch nie nutzt? Warum akzeptiert er all die damit verbundenen Nachteile, den hohen Kaufpreis, den höheren Verbrauch, den größeren Platzbedarf? Warum nur kauft er einen Wagen, den er nicht braucht?
Die Antwort liegt auf der Hand: Weil er es will. Die meisten materiellen Dinge, mit denen sich postmoderne Konsumbürger umgeben, sind eigentlich überflüssig. Wir kaufen sie, weil wir sie haben wollen, allen Appellen zum Maßhalten und Verzichten zum Trotz. Niemand zwingt uns zum Kauf und wir sind auch nicht alle ferngesteuerte Konsumzombies. Wer einen Pickup kauft, hat vorher darüber nachgedacht und ist zu dem Schluss gekommen, dass genau so ein Wagen der richtige für ihn ist. Um die Psychologie soll sich Sigmund Freud kümmern.

CHEVROLET

Die uramerikanische Traditionsmarke Chevrolet verdankt ihren Namen einem Schweizer. Louis Chevrolet, geboren am 25. Dezember 1878 in La Chaux-de-Fonds im Kanton Neuchâtel, wanderte im Jahre 1900 über Frankreich in die USA aus und begann dort fünf Jahre später eine Karriere als hervorragender Rennfahrer. Seine zahlreichen Siege und Rekorde erweckten das Interesse eines Geschäftsmannes aus Flint in Michigan namens William Crapo Durant. Der ebenso ehrgeizige wie ungeduldige Durant erkannte in der aufblühenden Automobilindustrie den - pardon - „heißen Scheiß" seiner Zeit und verfolgte das abenteuerliche Ziel, das größte Automobilunternehmen der Welt aus dem Boden zu stampfen.

Unter dem Namen General Motors vereinigte er - in der Wahl der Methoden wenig zimperlich - immer neue Firmen. Louis Chevrolet kam ihm da gerade recht. Der Schweizer war nicht nur ein Herrenfahrer, sondern auch ein begabter Konstrukteur, der nur allzu gerne Autos unter seinem Namen herausbringen wollte und sich also 1911 mit Durant zusammentat. Die Serienproduktion von Chevrolet-Fahrzeugen begann 1912, und alle Beteiligten waren glücklich bis an ihr Lebensende. Von wegen. Chevrolet und Durant waren beide ausgesprochene Alphamännchen, die schon bald aneinander gerieten, als es um die Marktausrichtung ging. Chevrolet wollte hochpreisige Luxusmobile bauen, Durant hingegen zielte auf den Erzrivalen Ford und wollte massentaugliche preiswerte Alltagsautos auf den Markt bringen, die Fords Model T Konkurrenz machen sollten. Durant setzte sich durch. Louis Chevrolet wurde ausgezahlt und verließ das junge Unternehmen, musste aber zu seinem großen Verdruss hinnehmen, dass er mit dem Verkauf seiner Firmenanteile die Rechte an seinem Markennamen abgetreten hatte.

Von da an musste Monsieur Chevrolet zähneknirschend dabei zusehen, wie Abermillionen von Fahrzeugen, die seinen Namen trugen, die Straßen Amerikas bevölkerten, ohne dass er auch nur einen Cent daran verdiente. Seine späteren Versuche, sich in der Automobilindustrie zu etablieren, scheiterten alle. Die wohl größte Demütigung erlebte er während der großen Wirtschaftskrise in den 1930er Jahren, als er, um überhaupt etwas Geld zu verdienen, als einfacher Mechaniker am Fließband eines Chevrolet-Werks arbeiten musste. Er starb völlig verarmt am 6. Juni 1941 in Detroit.

Die Marke Chevrolet war, anders als ihr Namensgeber, ein überragender Erfolg und wurde schnell zur meistverkauften der Welt. Ab 1918 wandte sich Chevrolet auch der Nutzfahrzeugproduktion zu, obwohl damals bestimmt niemand bei General Motors vorausahnen konnte, dass das Unternehmen sein Geld im 21. Jahrhundert vor allem mit Kleinlastern verdienen würde. Die hier gezeigten Trucks sind natürlich nur ein kleiner, aber repräsentativer Ausschnitt aus der riesigen Chevrolet-Modellpalette der letzten 100 Jahre.

Kurzer Hinweis: In diesem und in anderen Kapiteln über US-Trucks wird des Öfteren von SAE-PS gesprochen. Dazu sei gesagt, dass amerikanische Hersteller vor 1972 Motorleistungen mit einem anderen Verfahren ermittelten als deutsche. Nach dem alten SAE-Verfahren (SAE = Society of Automotive Engineers, also Gesellschaft der Automobilingenieure) wurde der Motor am Schwungrad ohne leistungsfressende Anbauteile wie Luftfilter, Kühlerventilator, Wasserpumpe, Anlasser, geschweige denn Servolenkungspumpe oder Klimaanlagenkompressor sowie mit offenem Auspuff, also ohne Schalldämpfer, auf einem Prüfstand gemessen. Bei der in Deutschland üblichen DIN-Methode erfolgt die Leistungsmessung des kompletten Motors im eingebauten Zustand im Fahrzeug, ebenfalls am Schwungrad.

Aus diesem Grund ist die SAE-Angabe immer höher als die DIN-Zahl, je nach Motor zwischen 10 und 20, manchmal auch 30 Prozent. Die genaue Differenz lässt sich nicht errechnen, sondern nur in einem aufwändigen Messverfahren ermitteln. Für manche Motoren lieferten die US-Hersteller sowohl SAE- als auch DIN-Angaben, die, soweit vorhanden, hier auch zum Vergleich genannt werden. Ab Modelljahr 1972 übernahmen die Amerikaner das realistischere DIN-Verfahren, PS-Angaben von amerikanischen Modellen ab diesem Baujahr 1972 sind also mit europäischen Zahlen direkt vergleichbar.

Die frühen Jahre

Der Roadster Delivery Pickup war im Jahr 1930 ein neues Modell und ergänzte bereits vorhandene Karosserieversionen wie Canopy Delivery (offene Ladefläche mit Überdachung wie ein Himmelbett) oder Panel Delivery (geschlossener Aufbau). Übrigens lieferte Chevrolet seine Trucks damals meistens als sogenanntes „rolling chassis" aus, also ein Rahmenchassis komplett mit Fahrwerk, Motor und Antriebsstrang, aber ohne Aufbauten hinter der B-Säule. Die besorgte man sich über seinen Chevy-Händler bei darauf spezialisierten Nachrüstern wie etwa der Martin-Parry Company. Alle Light Delivery Trucks waren für eine halbe US-Tonne Zuladung zugelassen. Ob die vier Damen auf der Ladefläche mit Pelzen und Golfausrüstung zusammen 454 Kilogramm auf die Waage brachten, ist nicht bekannt. In jedem Fall mussten ein 3,2-Liter Reihensechszylinder mit 46 SAE-PS und ein unsynchronisiertes Dreigang-Schaltgetriebe genügen, um Roadster Delivery und Co. auf Trab zu bringen.
Chevrolets Trucks orientierten sich äußerlich immer wieder am Pkw-Styling des beliebtesten Automobilherstellers der USA. So auch 1937, als der hier gezeigte GC Series Half-Ton Pickup mit völlig neuem, stromlinienförmig angehauchten Design – zumindest von der Stoßstange bis zur B-Säule – auf den Markt kam. Das Kürzel „GC" in der Modellbezeichnung stand übrigens für die Light Delivery-Klasse, Halbtonner, die in sechs verschiedenen Varianten angeboten wurden. Der Pickup hatte ein Leergewicht von 1273 kg und kostete 515 US-Dollar ohne aufpreispflichtige Extras wie Heckstoßstange, Heizung, Außenspiegel (nur auf der

▲ Der 1937er Chevrolet GC Series Pickup bietet eine Ladefläche mit den Abmessungen 1,96 x 1,14 x 0,40 Meter. 183.674 Chevrolet-Trucks werden während des Kalenderjahres 1937 neu registriert.

▼ Der 1930er Chevrolet Roadster Delivery Pickup heißt so, weil er kein festes Dach, sondern ein Faltverdeck wie ein Cabriolet hat. Dieses Modell stellt Chevrolet selber ab Werk her, die meisten anderen Truck-Karosserien kommen von Nachrüstern.

▼ Der 1948er Chevrolet FP Pickup hat einen Einstiegspreis von 1180 Dollar und ein Leergewicht von knapp 1,5 Tonnen. 389.690 Chevrolet-Trucks werden 1948 gebaut, was einem Marktanteil von 28,46 Prozent entspricht.

Fahrerseite) oder Scheibenwischer auf der Beifahrerseite. Für den Vortrieb sorgte wiederum Chevrolets bewährter Reihensechszylinder mit nunmehr 3,4 Litern Hubraum und 79 SAE-PS in Verbindung mit einem Dreigang-Schaltgetriebe.

Von 1. Februar 1942 bis zum 30. Juni 1945 war die zivile Pkw-Produktion in den USA kriegsbedingt eingestellt. Nach Kriegsende war daher die Nachfrage nach Neuwagen im Land so groß, dass alle Hersteller zunächst mit kaum veränderten Vorkriegsmodellen auf den Markt kamen, die sich trotzdem verkauften wie das sprichwörtliche geschnittene Brot. Als Chevrolet 1947, zwei Jahre vor seinen Pkw-Modellen, seine Trucks mit vollkommen neuem Styling, genannt „Advance-Design", herausbrachte, gab es für die Kundschaft kein Halten mehr. Hier ein gegenüber dem Vorjahr unveränderter ½-Ton Model FP Pickup von 1948.

Weitere Karosserieversionen waren Chassis (rollendes Fahrwerk ohne Aufbau), Chassis & Cab (mit Fahrerkabine), Panel (geschlossener Aufbau), Canopy (s.o.) und Suburban (ein SUV seiner Zeit). In den Klassen FR und FS (3/4 respektive 1 Tonne Zuladung) gab es noch die Versionen Platform (der Name spricht für sich) und Stake (Plattform mit Holzgatter). Die FPs hatten einen Radstand von 2946 mm, waren 4993 mm lang und verwendeten wie bisher Chevrolets allgegenwärtigen Reihensechszylinder, den sogenannten Thriftmaster Six mit 3,5 Litern Hubraum und 90 SAE- respektive 83 DIN-PS. In der hier gezeigten Form blieben die Trucks - mit bescheidenen Facelifts - bis 1955 im Programm.

1955, das „Milestone Year"

In jenem Jahr holte Chevy zum Rundumschlag aus. Genau wie seine Pkw waren auch die Trucks „all-new", ein oft überbeanspruchtes Adjektiv im US-Marketing, aber diesmal traf es zu. Mit etwas Verzögerung kamen am 25. März 1955, also mitten im Modelljahr, die brandneuen Trucks heraus. Versehen mit martialisch betiteltem „Task Force"-Styling präsentiert sich hier der Series 3100 Pickup, die erneut beliebteste von sechs verschiedenen Karosserievarianten. Nicht nur äußerlich hob sich der neue Truck von seinem Vorgänger ab, auch unter dem Blech hatte sich einiges getan, etwa die Umstellung von 6- auf 12-Volt-Bordelektrik und die Einführung des aufpreispflichtigen Powerglide-Automatikgetriebes mit zwei Vorwärtsgängen, das bereits seit 1950 in den Pkw zu haben war.

Die wohl bemerkenswerteste Neuerung aber war das Debüt des bis heute meistgebauten Motors der Welt, des Chevrolet Small Block-V8. Chevy, Pionier des Sechszylinders in der Brot-und-Butter-Klasse im Jahre 1929, hatte beschlossen, es dem Erzrivalen Ford, der seit 1932 V8-Motoren in seinen Pkw und Lkw anbot, gleichzutun nach dem bewährten Motto „klotzen, nicht kleckern". Mit seinen 4,3 Litern Hubraum und Leistungsversionen von 154, 162 und 180 SAE-PS konnte es der kompakte und kraftvolle Small Block leicht mit Fords V8 aufnehmen. Der Wettbewerb um den stärksten und beliebtesten Achtzylinder zwischen den beiden Konkurrenten dauert bis heute an.

Der ebenfalls 1955 herausgebrachte Cameo Carrier, hier in der 1957er Ausführung, spiegelte einen Trend wider, der damals noch ein sehr zartes Pflänzchen war: Der Pickup als Lifestyle-Auto. Die Marktforscher bei Chevrolet hatten erkannt, dass manche Käufer kein spartanisches, schmuckloses Nutzfahrzeug wollten, sondern einen „Dream Truck", der auch auf den Boulevards der Großstadt vorzeigbar war. Um den Cameo Carrier zu erschaffen, wurden die Flanken des Pickups mit Kunststoffpaneelen geglättet. Chromschmuck und Weißwandreifen taten ein Übriges, um den Truck optisch aufzuwerten und selbst bei profanen Beschäftigungen wie der Auslieferung von Paketen eine gute Figur zu machen.

▼ Dieser 1955er Chevrolet 3100 Series Pickup wird nicht vom neuen Small Block-V8 angetrieben, wie man am Fehlen des V8-Emblems unterhalb des Schriftzuges auf dem Kotflügel erkennt. Mit 31,55 Prozent Marktanteil ist Chevrolet damals der größte Pickup-Hersteller der USA.

Der Cameo Carrier kam in limitierter Auflage heraus und wurde 5220 Mal gebaut. Heute sind die verbliebenen Exemplare gesuchte Sammlerstücke, selbst mit dem serienmäßigen 3,9-Liter-Reihensechszylinder (123 SAE- oder 109 DIN-PS) und Dreigang-Schaltgetriebe. Das glatte Design des Cameo Carriers wurde übrigens ab Modelljahr 1958 zur Dauereinrichtung bei Chevrolet. Die so gestylten Trucks erhielten die Bezeichnung Fleetside und hatten von da an Stahlbleche statt Kunststoffpaneele. Die konventionellen Pickups hießen nun Stepside.

▲ Dieser 1957er Chevrolet Cameo Carrier hat einen V8; das stilisierte „V" auf der Tür macht das deutlich. Dabei kann es sich auch um den stärksten Motor des Jahres handeln, einen 4,7-Liter mit bis zu 270 SAE-PS.

Trucks mit Ecken und Kanten

DER MODELLCODE des hier gezeigten 1965er Chevrolet Trucks ist C1534, es handelt sich also um einen heckgetriebenen Fleetside mit langem Radstand (3226 mm) und langer Ladefläche sowie einer halben Tonne Zuladung. Man könnte auch sagen: Chevrolet ½-Ton C-10 Fleetside Long Bed Pickup. Alles klar? Damals bildete sich die bis heute übliche (leicht modifizierte) Chevy-Nomenklatur heraus:

C = Heckantrieb,
K = Allradantrieb.
Series 10 = Halbtonner,
Series 20 = Dreivierteltonner,
Series 30 = Eintonner.
Model 14 = kurzer Radstand/kurze Ladefläche,
Model 15/25 = langer Radstand, lange Ladefläche.

Die letzten zwei Ziffern bezeichnen das genaue Modell:

03 = Chassis & Cab,
04 = Stepside Pickup,
05 = Panel Truck,
06 = Suburban mit Heckklappe,
16 = Suburban mit Hecktüren,
34 = Fleetside Pickup.

► Der 1965er Chevrolet C1534 Fleetside Long Bed ist einer von 619.685 Chevy-Trucks, die im Laufe des Modelljahres hergestellt werden. 4.751.127 Lastwagen der Marke sind laut Chevrolet-Werbung gegen Ende des Jahres 1965 in den USA registriert.

Einfacher geht's nicht. Das Design des abgebildeten Trucks geht auf das Jahr 1960 zurück und wurde bis 1966 verwendet. Markanteste Änderung zwischendurch war dabei der Wechsel von Doppel- zu Einzelscheinwerfern im Jahre 1962. Unter der Haube der Chevy-Trucks fand sich serienmäßig ein 3,8-Liter-Reihensechszylinder mit 140 SAE- respektive 120 DIN-PS, verbunden mit einem Dreigang-Schaltgetriebe, natürlich mit Lenkradschaltung, wie es sich für alte Amis gehört. Wer $ 75,25 übrig hatte, konnte sich eine größere Version des Sechszylinders einbauen lassen, einen 4,8-Liter mit 165 SAE- oder 147 DIN-PS; für $ 92 gab es einen 4,7-Liter-V8 mit 175 SAE-PS (DIN: 145), die zweistufige Powerglide-Automatik kostete $ 146,30.

Rechts oben ist ein 1966er Chevy Pickup zu sehen. Aufmerksame Leser (also alle) wissen an dieser Stelle genau, dass es sich um das Modell C1504 handelt, den langen Stepside mit Heckantrieb und definitiv zu sauber für einen Einsatz auf dem Gelände eines Kraftwerks oder einer Raffinerie. Der Transport schwerer Lasten wurde einfacher in jenem Jahr dank der Einführung eines größeren V8-Motors, nämlich der 5,4-Liter-Version des omnipräsenten Small Blocks, hier mit Vierfachvergaser und 220

▲ Das Modell 1504 der Chevrolet-Pickups wird während des Modelljahres 1966 insgesamt 26.456 Mal gebaut. Der glatte Fleetside, Modell 1534, bringt es dagegen auf satte 178.752 Exemplare.

SAE-PS. Ansonsten gab es für 1966 nichts Neues zu vermelden, außer dass Chevrolet in diesem Jahr seinen zehnmillionsten Truck seit 1918 verkauft hatte.
Die großen Neuigkeiten hob sich Amerikas Nr.1 unter den Automobilherstellern für das folgende Modelljahr auf, als die nächste Truck-Generation debütierte, hier (unten) in Form eines 1967er C-10 Long Bed, der mit 165.973 produzierten Einheiten weitaus beliebtesten Version unter Chevys Kleinlastern. Zum Vergleich: Der K-10 Long Bed, also die Allradausführung, wurde nur 2715 Mal gebaut. An zweiter Stelle folgte übrigens der C-20 Long Bed mit 50.413 Exemplaren.

▲ Man kann es kaum erkennen, aber ein kleines Emblem auf der Beifahrertür des 1967er Chevrolet C-10 Long Bed zeigt an, dass er mit der Custom Sport Truck-Option ausgestattet ist, die neben viel äußerem Chromschmuck vor allem Einzelsitze und Mittelkonsole im Innenraum mit sich bringt.

Die Popularität der neuen Trucks überrascht nicht angesichts des geradezu eleganten Stylings, hier sogar dank Zweifarblackierung besonders hervorgehoben. Da kann

▲ Der 1971er Chevrolet C-10 verfügt wie alle Chevy-Pickups in diesem Jahr erstmals über serienmäßige Scheibenbremsen an der Vorderachse. Alle Motoren von General Motors werden 1971 mit gehärteten Ventilsitzringen ausgestattet, um mit bleifreiem Benzin laufen zu können, dessen Einführung in den USA bevorsteht.

der Farmer im Heuschober nur neidisch blicken und sich auch so einen wünschen. Im Modelljahr 1967 wurden 452.552 C/K-Trucks gebaut. Davon wurden 270.108 mit Sechszylinder ausgeliefert. Von den 182.444 V8-Trucks waren immerhin 21 Prozent, also 38.313, mit dem größten verfügbaren Motor, dem 5,4-Liter, ausgestattet. Es geht doch nichts über ein bisschen Statistik.

Der 1971er C-10 ist auf den ersten Blick als direkter Nachfahre des 67ers zu erkennen; diese Modellgeneration wurde bis einschließlich 1972 gebaut. Vor allem der veränderte Kühlergrill fällt auf. Hier haben wir es wieder mit dem Fleetside Long Bed zu tun, der während des Modelljahres 1971 sage und schreibe 206.313 Mal gebaut wurde und das bei einer Gesamtproduktion aller Chevy-Trucks von 739.478 Exemplaren. Kein anderes Modell kam auch nur in die Nähe solcher Produktionszahlen.

Der abgebildete C-10 ist außerdem mit dem Cheyenne-Ausstattungspaket versehen. Benannt nach der Hauptstadt des dünn besiedelten, landschaftlich eindrucksvollen Bundesstaates Wyoming, sorgt dieses Paket vor allem für die optische Aufwertung des Pickups, sowohl außen als auch innen. Die Chromzierleisten mit Kunstholzeinlage, die Weißwandreifen und die Zweitonlackierung machen deutlich, dass dieser Chevy eher etwas für Wochenendcowboys aus der Stadt als für verschwitzte Kuhtreiber ist. Satte 76.209 Pickups wurden 1972 mit dem aufpreispflichtigen Cheyenne Package ausgestattet.

Auch unter dem Blech hatte sich einiges getan. Der serienmäßige 4,1-Liter-Sechszylinder leistete nunmehr 145 SAE- oder 110 DIN-PS, wurde aber mehrheitlich durch einen der verfügbaren V8-Motoren ersetzt (5,0 Liter, 200 SAE- bzw. 135 DIN-PS oder 5,7 Liter, 250 SAE- bzw. 170 DIN-PS; letzterer wurde in 65 Prozent aller Chevy-Trucks gegen $ 165 Aufpreis verbaut). Wachsender Beliebtheit erfreuten sich bereits damals Automatikgetriebe (52 Prozent aller Trucks) und Servolenkung (43 Prozent).

Trucks, die jeder kennt

1973 brachte Chevrolet die nächste Modellgeneration seiner Pickup Trucks heraus, die bis einschließlich 1987 lediglich mit moderaten Facelifts weitergebaut wurde. Der 1974er K-10 Stepside (unten) ist ein typischer Repräsentant dieser langlebigen Generation, die in Film und Fernsehen, etwa in der Serie „Ein Colt für alle Fälle", in Deutschland ab 1983 ausgestrahlt, verkaufsfördernd in Szene gesetzt wurde. Anhand des Kürzels „K" erkennt man, dass es sich hier um die Allradausführung des Trucks handelt, diesmal in der Stepside-Version mit kurzem Radstand (2984 mm) und kurzer Ladefläche (1982 mm). Die Gesamtlänge des Fahrzeuges betrug 4859 mm. Zum Vergleich: Die Langversion hatte einen Radstand von 3340 mm, eine 2348 mm lange Ladefläche und maß 5334 mm von Stoßstange zu Stoßstange.

Wie zuvor wurden alle Chevy-Trucks serienmäßig vom bekannten Sechszylinder angetrieben, der jetzt allerdings nur noch 100 PS leistete. Gegen Aufpreis gab es den größeren 4,8-Liter-Reihensechszylinder mit 120 PS (nur Dreiviertel- und Eintonner), den 5,7-Liter-V8 mit 145 oder 160 PS und seit 1973 Chevys ultimativen V8, den berühmten Big Block mit 7,4 Litern Hubraum und 220 oder 245 PS. Dieser Monster-Achtzylinder war

▼ Zu den Neuerungen des Modelljahres 1974 gehören bei Chevrolet ein permanenter Allradantrieb bei allen V8-Trucks wie diesem K-10 Stepside und ein Sensor, der mit einem hörbaren Warnsignal auf die Abnutzung der Beläge der vorderen Scheibenbremsen aufmerksam macht.

allerdings den heckgetriebenen Pickups vorbehalten. Das Verteilergetriebe für den 4x4-Antrieb kam mit dem großen Drehmoment des Big Blocks nicht zurecht.
Der 7,4-Liter erfreute sich bemerkenswerten Zuspruchs bei der Kundschaft: Immerhin 5,9 Prozent aller C-10, 15,8 Prozent aller C-20 und 23,8 Prozent aller C-30 liefen 1974 mit dem großen V8 vom Band und das trotz Ölkrise im Winter 1973/74 infolge des Jom-Kippur-Krieges. Die Warteschlangen vor den Tankstellen in den USA und autofreie Sonntage in Deutschland dürften älteren Lesern noch in Erinnerung sein. Wer während der Fahrt durch die Prärie plötzlich bemerkte, dass er dringend tanken musste, der konnte übrigens dank der ab 1973 serienmäßigen vorderen Scheibenbremsen mit Bremskraftverstärker schneller zum Stillstand kommen als je zuvor.
Eine weitere Neuerscheinung der 1973-87er Generation der Light Trucks von Chevrolet war das sogenannte Crew Cab. Die viertürigen Sechssitzer, hier ein 1979er C-20 (unten links), waren – wie die Bezeichnung zum Ausdruck bringt – für den Transport von Arbeitsmannschaften ausgelegt und wurden in den Zuladungsklassen für Dreiviertel- und Eintonner angeboten. Um die verlängerte Kabine mit ihrer zweiten Sitzbank (oder im Fall der sogenannten Bonus Cabs ohne sie) unterzubringen und dabei keineswegs die Ladefläche zu verkleinern, wurde der Chassisrahmen für Crew und Bonus Cabs auf 4178 mm Radstand gestreckt, die Gesamtlänge des Fahrzeuges wuchs dadurch auf aberwitzige 6208 mm. Bemerkenswerte Änderungen im Motorenbereich traten 1975 ein, als ein 6,6-Liter-V8, eine weitere Small-Block-Variante mit 175 PS, die Aufpreisliste zu bereichern begann, sowie 1978 mit der Einführung eines V8-Diesels für alle C-10-Modelle. Der 5,7-Liter von Konzerntochter Oldsmobile leistete 120 PS und wurde 1982 durch einen größeren Saugdiesel mit 6,2 Liter Hubraum und 130 PS ersetzt.
Ein letzter Blick auf diese Modellgeneration zeigt uns einen K-20 Fleetside Long Bed von 1987 mit dem Scottsdale-Ausstattungspaket, das zwischen dem Cheyenne und dem Silverado-Paket angesiedelt war (unten rechts). In allen Fällen ging es nicht um Technik, sondern um Komfort und Anmutung des Trucks.

Trotz Ölpreisschocks erfreute sich der 7,4-Liter-V8 größter Beliebtheit.

Die Aufpreisliste wurde im Laufe der Jahrzehnte immer länger, wobei die meisten kostenpflichtigen Extras der optischen Aufwertung dienten und die einst als karge Nutzfahrzeuge konzipierten Kleinlaster immer Pkw-artiger machten. Ausstattungspakete, in denen beliebte Extras zusammengefasst waren, sollten es dem Kunden leichter machen, Geld auszugeben für Dinge, die er eigentlich gar nicht brauchte, die aber nun einmal im Paket inbegriffen waren, eine bis heute gängige und zur Meisterschaft weiterentwickelte Praxis, nicht nur in den USA.
Technische Neuerungen gab es natürlich auch: Ein Automatikgetriebe mit vier Vorwärtsgängen für die meis-

▲ Die Crew Cab-Ausführung der 1979er Chevrolets ist sowohl als C-/K-20 als auch als C-/K-30 zu haben, also als Dreiviertel- oder Eintonner. Während des Kalenderjahres werden 644.775 Chevy-Pickups verkauft.

▲ Dieser 1987er Chevrolet K-20 in Scottsdale-Ausführung ist serienmäßig mit der 5,7-Liter-Version des Small-Block-V8 ausgestattet. Der Motor leistet 210 PS und wird meistens mit GMs Viergang-Automatikgetriebe kombiniert.

ten C-/K-10 und -20 kam 1982; ansonsten blieb es bei der bewährten Dreigang-Automatik. Ab 1985 ersetzte ein 4,3-Liter-V6 mit Benzineinspritzung den lange Jahre serienmäßigen 4,1-Liter-Reihensechszylinder im C-/K-10. Der neue Motor war ein weiterer Abkömmling von Chevys allgegenwärtiger Small Block-Familie. Um ihn zu erschaffen, ließ man, vereinfacht ausgedrückt, zwei Zylinder des 5,7-Liter-V8 weg.

Der noch etwas länger gebaute 4,8-Liter-Reihensechszylinder, bis dahin Standardmotor in den höheren Gewichtsklassen, wurde 1987 ebenfalls durch den V6 ersetzt. Außerdem hatten nunmehr auch die V8 keine Vergaser mehr, sondern ebenfalls Einspritzanlagen. Zugegebenermaßen war GMs „Throttle Body Injection" genannte Zentraleinspritzung kaum mehr als ein elektronisch angesteuerter Vergaser, aber immerhin. Auch wurde es damit leichter, die sich verschärfenden Testzyklen für Abgase und Verbrauch zu erfüllen.

▼ Die neue Generation der Chevrolet-Pickups, hier ein 1988er C2500 Extended Cab, überzeugt unter anderem mit besserer Nutzung des Innenraums. Alle Modelle bieten 1016 mm Kopffreiheit, 1059 mm Beinfreiheit und 1676 mm Schulterfreiheit auf den Vordersitzen.

Glatter ist besser

Am 23. April 1987 stellte Chevrolet seine neueste Truck-Generation vor, die zum Modelljahr 1988 auf den Markt kam und werksintern als GMT400-Plattform bekannt war. Optisch geschickt modernisiert, waren die Pickups sofort als legitime Nachfolger der 1973-87er Generation zu erkennen, überzeugten aber gleichzeitig mit besserer Aerodynamik. Großen Wert legte die GM-Werbung auf die Betonung der verbesserten Rostvorsorge, da die älteren Generationen allzu oft frühzeitig dem gemeinen Gammel anheimgefallen waren. Vor allem die beidseitige Verzinkung aller Außenbleche außer dem Dach ist hier zu nennen.

Die Nomenklatur änderte sich: Die Bezeichnung der Zuladungsklassen C/K-10/20/30 lautete nunmehr C/K1500/2500/3500, wobei das Präfix C wie bisher für heckgetriebene Modelle stand und K für Allradler. Der wohl wichtigste Neuzugang bei den Trucks war ein sogenanntes Extended Cab-Modell, hier am Beispiel eines C2500 gezeigt. Die verlängerte Fahrerkabine war eine sinnvolle Ergänzung der bestehenden Modellpalette,

▲ Die kurzen 1988er K1500 haben Böschungswinkel von 22 und 28 Grad. Die Bodenfreiheit beträgt 218 mm vorn und 228 mm hinten, sowohl beim Sportside als auch beim Fleetside.

wobei auch im Extended Cab drei hintere Sitzplätze zur Verfügung standen, wenngleich mit zugegebenermaßen bescheidener Beinfreiheit. Der klassische Dreisitzer war wie bisher als Fleetside (mit glatten Flanken) und Sportside zu haben, hier als K1500 in Kurzversion.
Das Mastodon unter den Chevy-Pickups war und blieb das gewaltige viertürige Crew Cab wie hier ein 1992er K3500 mit optionaler hinterer Doppelbereifung, wortspielerisch „Big Dooley" genannt („Dualie" und „Dooley" werden identisch ausgesprochen). 6258 mm lang und 2725 mm breit war dieses Biest und hatte obendrein einen kleineren Tank als das gleiche Modell mit Standardbereifung, nämlich 20 statt 25 Gallonen, also 76 statt 95 Liter. Wer dann auch noch den 7,4-Liter-V8 mit 230 PS geordert hatte, machte seinen Tankstellenbesitzer glücklich. Gegen Ende der 90er Jahre war der Trend zum Pickup als Lifestylemobil bereits so weit fortgeschritten, dass Chevrolet ein bis heute angebotenes, speziell auf Nutzanwender abgestimmtes, optisch und ausstattungsmäßig abgespecktes Modell herausbrachte, den Work Truck, hier ein 1998er C1500.

▲ Die Crew-Cab-Versionen der Chevrolet-Trucks übernehmen erst 1992 das Karosseriedesign der vier Jahre zuvor eingeführten Modellgeneration. Der K3500 kann in jenem Jahr erstmals mit GMs neuem 6,5-Liter-V8-Turbodiesel geordert werden, der 190 PS leistete.

▲ Der unprätentiöse 1998er Chevrolet C1500 Work Truck wird aus Kostengründen oft und gern mit dem serienmäßigen 4,3-Liter-V6 gekauft, der mit seinen 200 PS genug Power für die meisten Nutzanwender hat und mit durchschnittlich 15 l/100 km nicht übermäßig säuft.

Das neue Jahrtausend

Der nächste Modellwechsel stand zum Modelljahr 1999 an, als die GMT800-Plattform vorgestellt wurde, die nach und nach die C/Ks ersetzte. Die neuen Trucks bedienten sich des Namens „Silverado", eine Bezeichnung für die opulenteste Ausstattungsversion der bisherigen großen Chevies. Wie bisher gab es drei Kabinenvarianten, Regular, Extended und Crew Cab (ab Modelljahr 2004) und Ladeflächen in drei verschiedenen Längen. Neu war die Unterscheidung zwischen Silverado 1500 und 2500 und Silverado 1500, 2500 und 3500 HD-Modellen, wobei HD nicht für „High Definition" steht, sondern für „Heavy Duty", was so viel wie „hochbelastbar" bedeutet.
Die große Belastbarkeit gewährleisten stärkere Motoren (6,0-Liter-V8 mit 300 PS, 8,1-Liter-V8 mit 340 PS sowie 6,6-Liter-V8-Diesel mit 310 PS) und die Fahrwerksauslegung im Hinblick auf höhere Zuladung und als Zugmaschine für schwere Anhänger. Die bei der Kundschaft weitaus beliebteren Light-Duty-Modelle gab es serienmäßig mit dem bereits erwähnten 4,3-Liter-V6 sowie mit 4,8- und 5,3-Liter-V8. Letztere gehörten wiederum zur Small-Block-Familie von GM, wobei es sich mittlerweile um die dritte, von Grund auf erneuerte Generation dieses unverwüstlichen Motors handelte.
Mit überarbeiteter Karosserie und verbesserten inneren Werten bei Fahrwerk und Motoren präsentierte sich zum Modelljahr 2007 die zweite Silverado-Generation auf der Basis der GMT900-Plattform. Sie blieb bis 2014 in Produktion und wird hier in Form eines 2009er Silverado C1500 exemplarisch dargestellt. Bei bis zu 6,2 Litern Hubraum und 403 PS fällt das Trailern eines

▼ Der 2009er Chevrolet Silverado C1500, hier mit Crew Cab, kann in V8-Ausführung mit einem neuen 6-Gang-Automatikgetriebe geordert werden. Den Basis-V6 gibt es nur mit 4-Gang-Automatik.

▲ Eine Fahrgastzelle ohne B-Säule wie bei diesem 2009er Chevrolet C1500 Silverado Extended Cab ist spektakulär, aber nicht neu. Bei Lancia gab es so etwas, und 1957 kam Cadillac mit einer ähnlich konstruierten Luxuslimousine heraus, dem Eldorado Brougham.

Bootes leicht. Ein Blick ins Innere des Silverado C1500 Extended Cab offenbart neben dem sehr komfortablen, so gar nicht nutzfahrzeugmäßigen Interieur die interessante Konstruktion der Kabine, die ohne B-Säule auskommt und trotzdem stabil bleibt.

Zeitsprung ins Jahr 2015, als Chevy all seine Truck-Modellreihen zum Gruppenfoto versammelte: Da sind Silverado (silberfarben), Silverado HD (blau) und Colorado (rot) in trauter Dreisamkeit vereint. Über den Colorado wird noch zu sprechen sein. Die beiden anderen repräsentieren die dritte Generation der Chevrolet-Pickups mit der neuen GM K2XX-Plattform. Wie heutzutage üblich, kommt auch bei den massiven Trucks verstärkt Leichtmetall zwecks Gewichtseinsparung zum Einsatz. So sind Motorhaube und Motorblock ebenso aus Aluminium wie die Querlenker der vorderen Einzelradaufhängung. Der im Lkw-Bau nach wie vor – wie zu Zeiten der Pferdekutsche – übliche Kastenrahmen wird im Hydroforming-Verfahren hergestellt. Dabei setzt man eine Hydraulikflüssigkeit unter Hochdruck und presst damit Metall in die gewünschte Form. Das geschieht bei Raumtemperatur, was kosten- und energiesparend ist, weniger Ausschuss produziert und Metallteile mit höherer Zug- und Druckfestigkeit hervorbringt als klassische kaltplastische Umformungsverfahren.

GM T1XX. So nennt General Motors die Plattform, auf der die nunmehr vierte Silverado-Generation aufbaut. Die offizielle Vorstellung des allerneuesten Pickups erfolgte auf der Detroit Auto Show am 13. Januar 2018,

◀ Es ist kein Zufall, dass alle drei Chevrolet Truck-Baureihen des Modelljahres 2015 hier in Crew Cab-Ausführung dargeboten werden. Obwohl es viertürige Pickups erst seit relativ kurzer Zeit gibt, sind sie heute eindeutig die beim Publikum beliebtesten Ausführungen und machen fast zwei Drittel der Verkäufe aus.

auf den Tag genau 100 Jahre nach der Auslieferung des allerersten Chevrolet-Trucks. Die Einführung der vierten Generation begann mit dem beliebtesten Modell, dem Silverado 1500, der zum Modelljahr 2019 in die Schauräume kam. Eine besondere Ehre wurde dem Silverado 1500 im Februar 2019 zuteil, als ein Exemplar mit dem 420 PS starken 6,2-Liter-V8-Benziner und einer 10-Gang-Automatik das berühmteste Rennen der amerikanischen NASCAR-Serie, das Daytona 500 als Pace Car anführen durfte.

Zum ersten Mal in der 61-jährigen Geschichte dieses Rennens fällt dieser Job einem Lastwagen zu, ein Symbol der gewachsenen Bedeutung von Trucks für die US-Automobilindustrie. Silverados werden außerdem wie in der Vergangenheit in der seit 24 Jahren bestehenden Truck Series von NASCAR im Wettbewerb stehen, wo Chevy Trucks mehr Siege eingefahren haben als alle Konkurrenten. Auf der Straße fahren Silverados der aktuellen Generation unter anderem mit einem turbogeladenen brandneuen 2,7-Liter-Vierzylinder-Benziner, können aber – neben den üblichen V8 – auch mit einem ebenfalls neuen 3,0-Liter-Sechszylinder-Turbodiesel geordert werden, wobei es sich um einen Reihenmotor handelt, den ersten bei GM seit mehr als 30 Jahren.

Die Schwestermodelle Silverado 1500, 2500 und 3500 HD ergänzten in diesem Jahr die Modellpalette als 2020er. Der 2020 Silverado K3500 HD ist auch in der jüngsten Generation der größte und schwerste unter den Chevrolet-Pickups. Macht nichts, denn Kraft hat er genug dank seines serienmäßigen 6,6-Liter-V8-Benziners mit 401 PS. Wer als Hobby Baumstümpfe ausreißt, der greift zum optionalen Duramax, dem 6,6-Liter-V8-Diesel mit bis zu 445 PS und einem maximalen Drehmoment von 1234 Nm bei 1600 Umdrehungen. Wem das nicht genügt, dem ist nicht zu helfen.

◀ Laut Eigenwerbung haben Chevrolets Ingenieure vor der Auslieferung des allerersten 2019er Chevrolet Silverado 1500 mehr als 475.000 Prüfungen und Tests vorgenommen und elf Millionen Testkilometer zurückgelegt, um den neuen Truck marktreif zu machen.

► Chevrolet fand die Zuglast des 2019er Silverado K3500 HD unzureichend, daher wurde sie für 2020 auf bis zu 16 Tonnen erhöht. Anders als die Konkurrenz bietet der Chevy auch einen Nebenantrieb ab Werk.

Eigenwillige Stämmlinge

2001 war es, als das Chevrolet-Management den Avalanche (Lawine) herausbrachte, einen ungewöhnlichen Mix aus SUV und Truck. Technisch war das keine besondere Leistung, da Chevys Traditions-SUV, der seit 1935 gebaute Suburban, stets auf der gleichen Plattform aufbaute wie die Pickups. Man musste im Prinzip bloß das Dach über der Ladefläche des viertürigen Sechssitzers entfernen – und fertig. Um den Nutzwert des Mischlings zu erhöhen, wurde der Avalanche mit einem sogenannten Midgate ausgestattet. Dabei handelt es sich um eine hinter der zweiten Sitzbank installierte flexible Trennwand, die sich zusammen mit den Rücksitzen herunterklappen lässt, um die Ladefläche zu vergrößern. Alternativ ließ sich das Midgate hochklappen, wodurch die Fahrgastzelle an Raum gewann.

Von dieser Besonderheit abgesehen, war der 5,63 Meter lange und 2,02 Meter breite Avalanche ein normaler Vertreter der großen Chevy Trucks und wurde vom Publikum recht enthusiastisch aufgenommen. Angesichts des Booms bei Pickups und SUVs wollte selbst GMs Luxusanbieter Cadillac nicht außen vor bleiben und brachte seine eigene Version des Avalanche heraus, den Escalade EXT. Beide Modelle wurden bis 2013 angeboten und machten den Modellwechsel der Trucks von der GMT800- zur GMT900-Plattform mit. Hier zu sehen sind Vertreter der zweiten Generation, ein 2013er Avalanche und ein 2011er Cadillac Escalade EXT. Beide Modelle wurden nach 2013 eingestellt, weil die Verkaufszahlen zurückgegangen waren.

▲ Der Escalade EXT war kein Verkaufserfolg, trotz eines aufregenden Gastauftrittes im Film „Matrix Reloaded" von 2003. Zwei der Bösewichter liefern sich darin eine viel beachtete Verfolgungsjagd mit den Helden auf einem Freeway in Los Angeles.

▲ Anders als praktisch alle anderen Chevrolet Trucks gibt es für den Avalanche nie ein entsprechendes Modell der Schwesterdivision GMC. Die US-Zeitschrift Motor Trend kürte den Avalanche zum „Truck of the Year" des Jahres 2002.

Liebe geht durch den Wagen

▲ Der Isuzu Faster, hier als 1972er Chevrolet LUV Truck, wird in Europa von GMs örtlicher Nutzfahrzeugmarke Bedford unter der schlichten Bezeichnung KB vertrieben. Abgesehen von Kühlergrill und Schriftzügen sind alle Modelle praktisch identisch.

Bisher haben wir uns nur mit den typischen Riesentrucks beschäftigt, die man mit der US-amerikanischen Pickup-Szene verbindet. Chevrolet kann Trucks aber auch in klein, wenn es gewünscht wird. Das geschah zu Beginn der 1970er Jahre, als japanische Hersteller wie Toyota oder Datsun mit kompakten Pickups aggressiv und erfolgreich auf den US-Markt drängten, vor allem im Trendsetterstaat Kalifornien. Chevrolet konnte und wollte diesen Wachstumsmarkt nicht der Konkurrenz aus Fernost überlassen.

Um schnell auf die Herausforderung reagieren zu können, sparte man sich die Kosten für die Entwicklung eines eigenen Mini-Pickups und importierte ab 1972 stattdessen ein bewährtes Modell der japanischen GM-Konzerntochter Isuzu, den Faster („schneller"). In den USA wurde er mit Chevrolet-Emblemen versehen und als LUV Truck vermarktet, wobei das Akronym für „Light Utility Vehicle" stand, also „leichtes Nutzfahrzeug", und wie „Love" ausgesprochen wird, ein Marketingtrick, der dazu beitrug, im Laufe des ersten Jahres immerhin 21.098 Kunden vom Kauf des süßen kleinen Isuzu-Chevy zu überzeugen.

Für den Antrieb des gerade einmal 4,41 Meter kurzen und gut eine Tonne leichten Trucks genügte ein 2,2-Liter-Vierzylinder mit 75 PS. Die wenigen modellpflegerischen Maßnahmen während des Angebotszeitraums des LUV bis 1982 sind schnell genannt: Ab 1977 leistete der Motor 80 PS, 1978 kam ein Modell mit längerem Radstand (2994 statt 2601 mm) hinzu, die Gesamtlänge betrug 4848 mm. 1979 wurde der LUV erstmals auch mit Allradantrieb angeboten.

Klein aber oho

Der Ersatz für den LUV Truck debütierte zum Modelljahr 1982. Der Chevrolet S-10 war, anders als sein Vorgänger, kein Import, sondern ein in den USA entwickelter und gebauter Kompakt-Pickup, der seinerseits in Übersee vermarktet wurde, etwa in Brasilien und in Japan als Isuzu Hombre. Den S-10 gab es in Kurz- (2751 mm Radstand, 4526 mm Länge) und Langversion (2994 mm Radstand, 4930 mm Länge). Wem der serienmäßige 1,9-Liter-Vierzylinder, übernommen von Isuzu, mit seinen 82 PS zu mickrig war, der griff auf Chevys eigenen 2,8-Liter-V6 mit 110 PS zurück.
Der S-10, das kann man ohne Übertreibung sagen, traf voll den Zeitgeschmack: 177.758 Exemplare wurden im ersten Angebotsjahr verkauft, Tendenz steigend. Im Rahmen der Modellpflege kam ab 1983 ein Modell mit verlängerter Fahrgastzelle und längerer Ladefläche dazu, und die Motorenpalette wurde erweitert. Bis zum unvermeidlichen Generationswechsel im Jahr 1993 erhielt der S-10 neben zahlreichen weiteren Extras noch einen 2,5-Liter-Vierzylinder von der Konzerntochter Pontiac und ab 1988 Chevrolets erstklassigen 4,3-Liter-V6 auf Basis des Small Block-V8.
Der 1995er S-10 repräsentiert die zweite, von 1994 bis 2003 gebaute Generation, die sich vor allem durch eine aerodynamisch gerundete Karosserie auszeichnete. Die Veränderungen unter dem Blech hielten sich in Grenzen, man griff US-typisch lieber auf bewährte Technik zurück als sich auf Experimente einzulassen. Ein begrüßenswerter Ansatz, der auch heutzutage so manchem Automobilhersteller und nicht zuletzt der Kundschaft gut täte.
Ein modellpflegerisches Highlight war sicherlich die Einführung eines viertürigen Crew Cabs zum Modelljahr 2001 als Ergänzung zum Regular und Extended Cab. Basismotorisierung war ein 2,2-Liter-Vierzylinder, für höhere Leistungsansprüche blieb der 4,3-Liter-V6 mit zuletzt bis zu 200 PS im Angebot. Der Kunde hatte auch die Wahl zwischen einem 5-Gang-Schaltgetriebe oder einer 4-Gang-Automatik; die überwältigende Mehrheit der amerikanischen Käufer bevorzugte, wen wundert's, die Automatik.

▲ Der 1982er Chevrolet S-10 und sein Stallgefährte GMC Sonoma teilen sich die Plattform mit dem Blazer S-10, der Schrumpfversion des klassischen Chevrolet Blazer K-5. Der kleine Blazer wird ein paar Jahre lang auch als Oldsmobile Bravada angeboten, der einzige Abstecher der 2004 gecancelten GM-Tochter ins SUV-Fach.

▲ Der Chevrolet S-10 der ersten Generation wird 1984/85 auch mit einem 2,2-Liter-Vierzylinder-Saugdiesel angeboten, der 63 PS leistet und von Isuzu geliefert wird. Die meisten US-Kunden bevorzugten V6-Benziner.

▲ Der 1995er Chevrolet S-10 Pickup und sein SUV-Bruder, der S-10 Blazer, werden beide ganz offiziell von General Motors nach Europa exportiert. In Deutschland läuft der Vertrieb über die hiesige GM-Zentrale in Rüsselsheim, der Heimstatt von Opel.

Fließender Übergang

Bis zum Ruhestand des S-10 hatte GM North America in Zusammenarbeit mit seinen Schwestergesellschaften in Brasilien und Japan (Isuzu) einen Nachfolger entwickelt, den Chevrolet Colorado (natürlich nach dem Fluss benannt und nicht nach den Süßigkeiten von Haribo), der zum Modelljahr 2004 herauskam und wie sein Vorläufer weltweit angeboten wurde. Anders als seine großen Brüder, die Full-Size Trucks, die aufgrund ihrer Größe und ihres Appetits auf Kraftstoff außerhalb Nordamerikas nahezu unverkäuflich waren und sind, ließ es sich mit dem kompakten Colorado und seinen Stallgefährten auch anderswo punkten.
Wie bisher gab es die vertrauten drei Karosserieversionen und eine breite Motorenpalette vom 2,5-Liter-Vierzylinder bis hinauf zum 5,3-Liter-V8. Eine auffällige Variante des Colorado ist der ZQ8, hier am Beispiel eines 2010er Crew Cabs zu sehen. Das Kürzel steht für ein auf Sportlichkeit ausgelegtes Ausstattungspaket, bei dem der tiefer gelegte Truck jeden Anflug von praktischer Nutzanwendung ablegt und sich gezielt an ein junges städtisches Publikum richtet. Der ZQ8 ist nur mit Heckantrieb erhältlich und kommt mit seinem serien-

► Der Chevrolet Colorado wird unter anderem in Brasilien unter der alten Bezeichnung S-10 gebaut und verkauft. Bis 2014 konnte er dort mit einem so genannten Flex-Fuel-Motor erworben werden, der sowohl mit Benzin als auch mit Ethanol läuft. Ethanol wird aus dem in Brasilien großindustriell angebauten Zuckerrohr gewonnen.

mäßigen 5,3-Liter-V8 mit 300 PS den Wünschen der Burnout-Fraktion entgegen.
Der Colorado konnte im Verkaufswettbewerb zwar seinen direkten Widersacher, den Ford Ranger, auf die Plätze verweisen, lief aber seinem japanischen Konkurrenten, dem Toyota Tacoma, deutlich hinterher. Die Lösung sah GM in einer Neuauflage seines kompakten Pickups - in vergrößerter Form. Die zweite Colorado-Generation, seit Modelljahr 2015 bis heute im Bau, präsentierte sich mit einer Länge von 5403 mm (Extended Cab und Crew Cab mit kurzer Ladefläche) und 5713 mm (Crew Cab mit langer Ladefläche) deutlich raumgreifender als die erste Generation.
Ein besonders auffälliges Modell ist der Colorado ZR2

▲ Der 2019er Chevrolet Colorado kommt laut Eigenwerbung des Herstellers mit dem 2,8-Liter-Vierzylinder-Turbodiesel auf einen Autobahnverbrauch von 30 Meilen pro Gallone, was 7,8 Litern Diesel auf 100 km entspricht.

Bison. ZR2 steht für das Ausstattungspaket, das sich speziell an Kunden wendet, die mit ihrem Truck gerne auch einmal einen Berg erklettern oder überhaupt ins Gelände fahren. Zum Paket gehören ein um 2 Zoll (=5,08 cm) höher gelegtes Fahrwerk für mehr Bodenfreiheit, eine um 3,5 Zoll (=8,89 cm) verbreiterte Spur, 31-Zoll-Offroad-Reifen, spezielle Leichtmetallräder, adaptive Multimatic-Stoßdämpfer, Sperrdifferenzial vorne und hinten (der einzige GM-Truck mit diesem Extra) sowie Unterfahrschutz.
Für den Antrieb sorgt entweder ein 2,8-Liter-Vierzylinder-Turbodiesel mit 186 PS oder ein 308 PS starker 3,6-Liter-V6-Benziner. In anderen Colorados gibt es noch einen 2,5-Liter-Vierzylinder-Benziner mit 200 PS, einen V8 sucht man dagegen vergebens. In der Aprilausgabe von *Car & Driver*, Amerikas führender Automobilzeitschrift, erhielt der dort getestete V6-Bison ausgezeichnete Bewertungen für seine Fähigkeiten im Gelände und auf der Straße. Der 2,3 Tonnen schwere Truck beschleunigte außerdem in 7 Sekunden von 0-60 Meilen pro Stunde (= 96 km/h), zwei Sekunden schneller als die Dieselversion. Das alles kommt nicht billig: Der getestete Colorado kostete 51.199 Dollar. Die Zeiten, in denen Pickups karge, aber preiswerte Nutzfahrzeuge waren, sind endgültig vorbei.

Der Weg ist das Ziel

Wer sich mit der Geschichte der Chevrolet-Pickups beschäftigt, kommt nicht an einem außergewöhnlichen Exemplar vorbei: Die Rede ist vom Chevrolet El Camino, der – mit einer kurzen Unterbrechung – von 1959-87 gebaut wurde. Das Besondere an diesem Truck ist die Tatsache, dass er eigentlich gar kein Kleinlaster war, sondern ein Pkw mit offener Ladefläche. Seine Entstehung ist einfach erklärt: Nachahmung. Die Idee, einen Pkw-Pickup zu bauen, hatte zuerst nämlich Chevys Erzrivale Ford, der 1957 den Ranchero herausbrachte, im Prinzip ein zweitüriger Kombi mit hinter der B-Säule abgesägtem Dach. Mit 21.596 gebauten Exemplaren im ersten Jahr war der Ranchero erstaunlich erfolgreich und wurde beinahe über Nacht zum Kultobjekt.

Da wollte Chevrolet sich nicht lumpen lassen und brachte nach gleichem Rezept zwei Jahre später den El Camino (Spanisch für „der Weg" oder „die Straße") heraus. Der schicke Chevy kam serienmäßig mit dem klassischen Reihensechszylinder (3,9 Liter Hubraum, 135 SAE- respektive 115 DIN-PS) daher, gepaart mit einem Dreigang-Schaltgetriebe. Auf Wunsch gab es einen 4,6-Liter-V8 mit 185, 230, 250 oder 290 SAE-PS oder einen 5,7-Liter-V8 mit 250, 280, 300, 305, 315, 320 oder 335 SAE-PS, außerdem ein Dreiganggetriebe mit Overdrive, ein Vierganggetriebe, die Powerglide-Getriebeautomatik mit zwei oder die Turboglide mit drei Vorwärtsgängen – reichlich Auswahl also.

Der El Camino, den Chevrolet mit dem Slogan „More than a car – more than a truck" bewarb, fand ebenso schnell ein wertschätzendes Publikum wie der Ranchero und wurde auch im Modelljahr 1960 weitergebaut. Mit Einführung einer neuen Generation von Chevrolet-Pkw im Modelljahr 1961 fiel der El Camino aber erst einmal weg, weil der zweitürige Kombi, auf dem er basierte, aufgrund mangelnden Publikumsinteresses aus dem Programm genommen worden war. Die

▼ Der 1959er Chevrolet El Camino ist eins der Fahrzeuge, die die US-Automobilindustrie in Konflikt mit der Regierung in Washington bringen, denn mit 2,05 Metern ist er breiter als erlaubt für ein Fahrzeug ohne seitliche Begrenzungsleuchten.

Kundschaft zeigte sich nicht begeistert und verlangte nach einer Rückkehr des El Camino, ein Wunsch, dem GM im Modelljahr 1964 entsprach und den Pkw-Pickup erneut herausbrachte.
Diesmal basierte er nicht auf Chevrolets großen, den sogenannten Full-Size-Modellen, sondern auf den etwas kleineren Intermediates, also den mittelgroßen Personenkraftwagen, die in jenem Jahr brandneu auf den Markt kamen. Mit 5025 mm Länge und 1895 mm Breite war der jüngste El Camino nicht wirklich klein, schon gar nicht nach europäischen Maßstäben, aber deutlich kompakter als sein 5,35 Meter langer und 2,05 Meter breiter Vorgänger. Trotzdem hatte der Neue eine längere Ladefläche als der Alte, 1,99 Meter statt knapp 1,80 Meter. Ergonomische Effizienz nennt man sowas. Bereits im Jahr seiner Wiederauferstehung wurden 36.615 El Caminos gebaut. Zum Vergleich: Fords Ranchero brachte es 1964 gerade einmal auf etwa 7400 produzierte Exemplare. Es blieb auch in Zukunft dabei, der Nachahmer war deutlich erfolgreicher als das Original.

Ein wenig Evolutionslehre

Bis zum Ende seiner Produktion im Jahre 1987 blieb der El Camino ein Auto auf GMs Intermediate-Plattform und machte all ihre diversen Modellwechsel und die Modellpflege mit, was allein ein ganzes Buch füllen könnte. Stellvertretend für die vielen El Caminos ist hier zunächst ein 1966er zu sehen. Da der Autor dieser Zeilen als Student einen 1966er Chevrolet Chevelle 300 Deluxe fuhr (wie der El Camino, bloß als viertürige Limousine), ist er positiv voreingenommen. Ein Boot ziehen musste der Chevelle nie und hätte mit seinem 3,8-Liter-Reihensechszylinder mit 140 SAE-PS (DIN: 120), der auch den Pickup serienmäßig antrieb, wohl seine Schwierigkeiten gehabt. Nein, für richtige Arbeit musste es schon ein V8 sein, vom 195 SAE-PS (150

▼ Der 1966er Chevrolet El Camino wird 35.119 Mal gebaut. Der Big-Block-V8 ist nur in der Super Sport-Ausführung zu haben; dieser El Camino hat einen 5,4-Liter-V8 unter der Haube, erkennbar am Emblem ganz vorn auf dem Kotflügel.

▲ Der 1979er Chevy El Camino teilt sich die Plattform, den so genannten A-Body, mit zwei- und viertürigen Limousinen der Modelle Pontiac Le Mans, Oldsmobile Cutlass und Buick Century. Sie alle werden in den 1980er Jahren durch Modelle mit Frontantrieb ersetzt.

DIN-PS) starken 4,6-Liter-Small Block bis hinauf zum 6,5-Liter-Big Block mit 325, 360 oder 375 SAE-PS. El Caminos mit dem fetten Achtzylinder waren schon damals selten und sind heute begehrte Sammlerstücke, so begehrt, dass viele nachgemachte Exemplare herumfahren, die für teures Geld als angebliche Originale an gutgläubige Zeitgenossen verkauft werden.
Der 1968er El Camino gehörte bereits der nächsten Modellgeneration an, die in den Augen der Fangemeinde wohl begehrenswerteste. Im Juli 1968 gaben die Motorjournalisten der US-Zeitschrift *Car Life* mit

einem El Camino Super Sport mit 6,5-Liter-V8 und 350 SAE-PS ordentlich Gummi. Der heiße Zweisitzer beschleunigte mit seiner Dreigang-Automatik in 6,8 Sekunden von 0 auf 96 km/h, die Höchstgeschwindigkeit betrug 212 km/h. Die Viertelmeile bewältigte der Chevy locker in 14,8 Sekunden bei einer Endgeschwindigkeit von 152,7 km/h, echte Musclecar-Werte eines serienmäßigen Straßenfahrzeuges ohne Slicks oder ähnliche Spielereien. Das hier gezeigte Modell vor idyllischer Hafenkulisse ist allerdings kein Super Sport.
Der 1979er El Camino schließlich steht für die letzte von 1978-87 gebaute Modellgeneration. Mit 5120 mm Länge und 1775 mm Breite war diese Generation satte 37,1 cm kürzer und 17,3 cm schmaler und mit 1396 kg Leergewicht genau 328 kg leichter als der bis 1977 gebaute Vorgänger. Nach der ersten Ölkrise von 1973/74 war in der Automobilindustrie Downsizing angesagt. Kleiner, leichter, effizienter, lautete die Devise. Die Umweltschutz- und Verbrauchsvorgaben der Regierung sorgten für das Verschwinden der typischen amerikanischen „gas guzzlers", der Spritsäufer.
13 Liter auf 100 km im Drittelmix (Stadtverkehr, Landstraße, Autobahn) verbrauchte der 79er El Camino mit der größten und stärksten Maschine, einem 170 PS starken 5,7-Liter-V8. Für den deutschen Leser heutzutage klingt das nicht sehr ökonomisch, aber im Vergleich zu den 22 Litern, die der 77er El Camino mit dem gleichen Motor auf 100 km schluckte, war das ein beachtlicher Fortschritt. Die hier zu sehenden 1979er Modelle sind ein Standard-El Camino und ein Exemplar mit der sogenannten Royal Knight Package, ein Ausstattungspaket, das den Truck optisch aufwerten sollte. Über Geschmack lässt sich bekanntlich nicht streiten. Bis 1987 blieb der El Camino im Programm, um schließlich zusammen mit seinem Plattformbruder Chevy Monte Carlo, dem letzten heckgetriebenen GM-Intermediate, eingestellt zu werden.

◄ 1968 werden insgesamt 41.791 Chevrolet El Camino gebaut, 5190 davon sind Super Sport-Modelle mit dem 6,5-Liter-V8. Dieser El Camino hat allerdings einen kleineren Motor.

South of the border

Chevrolet war und ist nicht nur in Nordamerika ein allseits bekannter Markenname, sondern auch in anderen Teilen der Welt, etwa in Brasilien. Das bevölkerungsreichste Land Lateinamerikas war bereits vor dem Zweiten Weltkrieg ein attraktiver Markt für die US-Automobilindustrie und hatte so viele potenzielle Käufer, dass eine Produktion vor Ort lohnenswert erschien. Abgestimmt auf den lokalen Kundengeschmack und die sozioökonomischen Rahmenbedingen vor Ort wurden maßgeschneiderte Produkte auf den Markt gebracht. Wie der hier abgebildete Chevrolet C-10 von 1972 zeigt, handelt es sich keineswegs um eine leicht retuschierte Ausgabe seines US-Gegenstücks, sondern um ein individuelles Produkt, das exklusiv für den brasilianischen Markt entwickelt worden war, mit unverwechselbarem Design.
Unter dem Blech fanden sich aus Kostengründen natürlich Teile aus dem globalen GM-Baukasten. Das betraf Fahrwerk, Lenkung, Bremsen und vor allem Motoren und den Antriebsstrang. Der C-10 etwa lief mit Chevys bewährtem Reihensechszylinder, zunächst mit dem älteren „Stovebolt Six", für Brasilien auf 4,2 Liter Hubraum aufgebohrt, später mit dem neueren Chevrolet-Sechszylinder mit 4,1 Litern Hubraum. Zuckerrohr wird in weiten Teilen Brasiliens angebaut und bildet die Grundlage für den Biokraftstoff Ethanol, der schon früh im Lande als Treibstoff für Automobile eingesetzt wurde. Ab 1981 gab es daher den Chevrolet A-10 Pickup, dessen Motor auf den Betrieb mit Ethanol ausgelegt war. Ein Vierzylinder-Dieselmotor bereicherte ebenfalls das Motorenangebot. Die hier zu sehende Modellgeneration wurde von 1964-84 gebaut.

▲ Dieser 1972er Chevrolet C-10 ist ein Produkt von General Motors do Brasil. Die südamerikanische Dependance des Konzerns wurde 1925 gegründet und unterhält ihr Hauptquartier nahe Sao Paulo. Die ersten eigenen Fahrzeuge unter dem Markennamen Chevrolet kommen im Jahre 1968 heraus.

DODGE

Welcome to Dodge City

Im Jahr 1914 gründeten die Brüder John Francis und Horace Elgin Dodge (das spricht sich „Daadsch", nicht etwa „Dotsch" und schon gar nicht wie es geschrieben wird) aus dem kleinen Ort Niles im US-Bundesstaat Michigan ihre eigene Automobilfirma. Zuvor hatten die handwerklich begabten Herren seit Anfang des 20. Jahrhunderts als Zulieferer für die aufstrebende Automobilindustrie gearbeitet, die in genau dieser Region ihren Anfang nahm, etwa so wie Jahrzehnte später das Silicon Valley zur Brutstätte der Softwarebranche wurde. Wichtigster Kunde der Dodge Brothers damals war übrigens die Ford Motor Company. Jeder kannte jeden, jeder konkurrierte und/oder kooperierte mit jedem. Irgendwann hatten es die Brüder satt, Teile für andere Hersteller zu bauen und kamen mit ihrer eigenen Marke heraus, die sie als echte Gründerpersönlichkeiten natürlich nach sich selbst benannten.

Mit der Reife der US-Autoindustrie in den Folgejahren setzte dann auch sehr schnell die kapitalismustypische Tendenz zur Monopolbildung ein. Nach der General Motors Corporation und Henry Fords Großunternehmen entstand 1924 die Chrysler Corporation unter der Führung ihres Namensgebers, Walter P. Chrysler, der übrigens ebenfalls zuvor sowohl für Ford als auch für GM gearbeitet hatte. Bereits Mitte 1928 kaufte er die Firma Dodge Bros. auf und gliederte sie seinem neuen Unternehmen ein, dem außerdem die Marken Plymouth, De Soto und natürlich Chrysler angehörten. Der Marke Dodge kam im Konzerngebilde die Rolle des Nutzfahrzeugherstellers zu, ein Gebiet, auf dem die Brüder von Anfang an Erfahrung gesammelt hatten. Gebaut wurden vor allem geschlossene Lieferwagen, aber auch Chassis & Cab-Modelle für die Nachrüstung mit Sonderaufbauten hinter der Fahrerkabine.

▲ 34.485 TCs werden 1939 produziert, davon 30.536 in den USA, der Rest in Dodges kanadischem Werk in der Provinz Ontario. 3017 Trucks werden exportiert, 905 gehen an die US-Regierung.

▲ Der 1934er Dodge KC Pickup hat einen Basispreis von genau 500 Dollar und wiegt leer 1,1 Tonnen. Im Kalenderjahr 1934 werden 48.252 neue Dodge-Trucks zugelassen, 72 Prozent mehr als im Vorjahr.

Die Vorkriegsjahre

Der erste Dodge-Pickup nach klassischer Definition kam 1930 heraus, wurde aber bereits 1933 durch ein neues Modell ersetzt. Das hier gezeigte Fahrzeug ist ein mit dem Kürzel KC versehener Truck aus dem Jahre 1934, der mit 2825 mm oder 3022 mm langem Radstand, genannt KCL, und damit auch längerer Ladefläche angeboten wurde. Beide waren für eine halbe Tonne Zuladung eingestuft. Hinzu kam ein Dreivierteltonner mit 3327 mm Radstand, der als K-20 bezeichnet wurde. KCs und KCLs wurden von einem 75 SAE-PS starken 3,3-Liter-Reihensechszylinder angetrieben, während der K-20 eine auf 3,6 Liter vergrößerte Version des gleichen Motors verwendete. Da arbeiteten zwar nur 70 amerikanische Pferde, aber das waren eher Brauereigäule, denn das Drehmoment war größer.
Schneller Vorlauf ins Jahr 1939, als Dodge-Trucks wiederum völlig neu gestaltet herauskamen. Der TC Pickup, ein Halbtonner, war mit Abstand das bei der Kundschaft beliebteste Modell und wurde ergänzt um den TD15, einen Dreivierteltonner, den TD 21, und um den TE21 mit einer Tonne Zuladung. Wie zuvor gab es mehrere Radstände, 116 (TC), 120 (TD) und 133 Zoll (TE), und Motoren. TD und TD-Modelle bezogen ihre Kraft aus dem jetzt 77 SAE-PS starken 3,6-Liter, während sich der kleinere TC mit dem nunmehr 70 SAE-PS leistenden 3,3-Liter begnügte.
Die meisten der 89.364 Trucks, die 1939 produziert wurden, liefen in Dodges brandneuer Fabrik in Warren, Michigan, vom Band. Dieses Werk, erbaut zum damals sensationell hohen Preis von sechs Millionen Dollar, war zu jener Zeit die größte Lkw-Fabrik der Welt und ist bis heute Heimatstandort der Dodge Truck Division. Die Kleinlaster im 1939er-Trimm begleiteten die Kundschaft auch in den Zweiten Weltkrieg, denn die US-Regierung hatte noch vor Beendigung der zivilen Lkw-Produktion am 30. April 1942 insgesamt 109.665 Dodge Trucks gekauft und an die Streitkräfte verteilt.
Erst Monate nach Ende der Feindseligkeiten und Aufhebung der Stahl-, Gummi- und Benzinrationierungen durften ab Dezember 1945 wieder Fahrzeuge für den Zivilmarkt gebaut werden. Wie die Konkurrenz bei Chevrolet und Ford kam auch Dodge zunächst mit kaum veränderten Vorkriegsmodellen auf den Markt, die vom Publikum eifrig gekauft wurden. Die Entwicklungsarbeiten für neue Modellgenerationen von Pkw und Lkw hatten aber während der Kriegsjahre nicht geruht, so dass schon recht bald zeitgemäße Trucks auf den Markt gebracht werden konnten wie der hier gezeigte D-116 von 1948.
Der Eintonner ruhte auf einem Rahmenchassis mit 2946 mm Radstand und hatte eine 2,286 Meter lange Ladefläche. Der D-116 war eine von zahlreichen Truck-Varianten für so ziemlich jeden Bedarf. Angesichts der auffallend neuen Karosserie mit deutlich mehr Glasfläche störte es niemanden, dass Dodges Motoren und der Antriebsstrang gegenüber den Vorjahren unverändert geblieben waren. Die kleineren Zuladungsklassen nutzten den 3,6-Liter, der D-116 eine wiederum größere Version des bewährten Reihensechszylinders mit 3,8 Litern und 102 SAE-PS.

▲ Der 1948er Dodge D-116 hat serienmäßig ein Dreigang-Schaltgetriebe für die Kraftübertragung an die Hinterräder. Gegen 30 Dollar Aufpreis lässt sich auch ein Vierganggetriebe ordern.

Power to the people

Zur gleichen Modellgeneration gehörte auch der 1951er B-3F Stake Truck (unten). Dieser Eintonner mit seiner vergatterten Ladefläche ist streng genommen kein Pickup, soll aber exemplarisch die Variantenvielfalt der Dodge-Trucks illustrieren. Überflüssig zu erwähnen, dass die Konkurrenz von Chevy oder Ford gleichermaßen vielfältig war. Im Wettbewerb um den Kunden schenkte man sich nichts und konkurrierte Modell für Modell. Den B-3F gab es in Kurz- (3521 mm Radstand, Ladefläche 2,74 Meter lang) und Langversion (3861 mm Radstand, Ladefläche 3,66 Meter); hier ist der Kurze zu sehen. Stake Trucks wurden gerne von Farmern für den Transport von Agrarprodukten oder Lebendvieh eingesetzt. Unter der Motorhaube fand sich in jedem Fall ein weiterer Abkömmling der konzernweit eingesetzten Familie von Reihensechszylindern, der 3,9-Liter mit 109 SAE-PS.
Es folgt der Blick auf ein in Fankreisen geradezu kulthaft verehrtes Modell, den Dodge Power Wagon. Wen dieses Exemplar an einen Militärlaster erinnert, der hat vollkommen Recht, denn der Power Wagon war die Zivilausführung des Standard-Lkw der US-Streitkräfte während des Zweiten Weltkrieges. Anders als in Nazi-Deutschland, wo jeder Hersteller wie Opel, Hanomag oder Krauss-Maffei seine eigenen Spezialfahrzeuge baute, verordnete das US-Ministerium allen amerikanischen Automobilfirmen für die Dauer des Krieges die Standardisierung ihrer Produkte. Auf diese Weise passten Ford-Teile auch Chevies oder Dodges und umgekehrt.
Die USA hatten also nicht nur viel größere personelle und materielle Ressourcen als ihre Feinde, sie gingen obendrein klüger damit um. Kapitalismus schlägt Führerstaat. Der Power Wagon schaffte auch den Übergang in den Frieden. Es handelte sich um einen allradgetriebenen Truck mit 3200 mm langem Radstand, der entweder als Pickup wie hier oder als Chassis & Cab ausgeliefert wurde, um dann mit einer Vielzahl möglicher Sonderaufbauten für Landwirtschaft- und Industrieanwendungen nachgerüstet zu werden.
Die Motorisierung war die gleiche wie bei anderen Dodge-Trucks jener Jahre, ein 3,8-Liter-Reihensechszylinder mit 94 SAE-PS. Für die Kraftübertragung sorgte ein Viergang-Schaltgetriebe mit einem zweistufigen Verteilergetriebe für den Allradantrieb. Der Power Wagon verfügte somit über acht Vorwärts- und zwei Rückwärtsgänge. Zusätzlich hatte das Getriebe einen Ne-

▲ Der Dodge Power Wagon, die Zivilausführung eines Armeelasters, wird ab Anfang 1951 wieder vermehrt ans US-Militär geliefert, denn die USA befinden sich seit Juli 1950 im Koreakrieg, der erst 1953 mit einem Waffenstillstand endet.

benantrieb für den Anschluss von Hilfsaggregaten wie Mähdreschern oder Schneepflügen. Der Power Wagon war zweifellos der robusteste und vielseitigste US-Truck seiner Zeit. Das hier gezeigte Fahrzeug ist ein 1951er Modell, könnte aber ebenso gut ein früheres oder späteres Baujahr sein, denn der Power Wagon wurde praktisch unverändert von 1946 bis einschließlich Modelljahr 1968 gebaut. Selbst danach war er noch jahrelang verfügbar, aber nur für den Export.

◀ Dodge-Trucks wie dieser 1951er B-3F werden hauptsächlich im Stammwerk in Warren, Michigan, gebaut. Fertigungsstätten gibt es aber auch in San Leandro, Kalifornien, und in Kanada.

Forward to the future

Für die weiteren Dodge-Pickups stand die Zeit nicht still. Nach dem Modellwechsel im Jahre 1954 wurde die neue Truck-Generation behutsam und erfolgreich weiterentwickelt. So stand 1955 zum ersten Mal ein Automatikgetriebe auf der Aufpreisliste, das zweistufige PowerFlite für 165 Dollar. 1957 reagierte Dodge auf Chevys Cameo Carrier mit den glatten Flanken und brachte seinerseits den Sweptside Pickup heraus. Das 1958er Modell ist an den Doppelscheinwerfern zu erkennen, die in jenem Jahr die ganz große Mode waren – bei Pkw und Lkw gleichermaßen.
Ein Zugeständnis an den Zeitgeschmack sind außerdem die bescheidenen, aber doch erkennbaren Ansätze von Heckflossen. Sie hatte die Chrysler Corporation all ihren Produkten im Rahmen des sogenannten „Forward Look“

▲ 10.266 Dodge-Trucks der Halbtonnen-Klasse D-100 werden 1958 gebaut, davon laufen 6067 mit V8 vom Band.

▲ Der Dodge W-300 Platform Truck von 1963 wird 633 Mal gebaut, davon haben 298 Exemplare Chryslers 3,7-Liter-Sechszylinder, dessen 145 SAE-PS bei einem Swamp Fox wie hier beträchtlichen Rollwiderstand zu überwinden haben.

verordnet. Der Sweptside war ausschließlich als D-100, also in der populären Halbtonner-Klasse zu haben. Die Nomenklatur bei Dodge kurz erklärt: D = Heckantrieb, W = Allradantrieb, 100 = Halbtonner, 200 = Dreivierteltonner, 300 = Eintonner.

Der 1958er Sweptside war aber mehr als nur ein Schönling, denn in jenem Jahr konnten Dodge-Kunden zum ersten Mal einen V8 in einem Truck ordern - nachdem Dodges Pkw bereits 1953 in den Genuss gekommen waren. Der 5,1-Liter-Achtzylinder leistete 206 SAE-PS, ein gewaltiger Sprung vom serienmäßigen 3,8-Liter-Reihensechszylinder mit 110 SAE-PS. Wer seinen Sweptside mit V8 haben wollte, der musste 105 Dollar auf den Basispreis von 2124 Dollar drauflegen. Die mittlerweile erhältliche Dreigang-Automatik kostete 203,75 und die ebenfalls neue Servolenkung 112 Dollar.

Boah ey, voll die fetten Schlappen hat der Dodge W-300 Platform Truck aus dem Jahr 1963. 46 x 18 x 16R messen die Pneus vorne und 46 x 24 x 16R hinten, wobei 46 für den Rad/Reifen-Durchmesser steht, 18 respektive 24 für die Reifenbreite und 16 für den Raddurchmesser, alles in Zoll natürlich, also mal 2,54. Mit diesen Gummis und Allradantrieb überwand der „Swamp Fox" glitschige Wiesen, tiefen Matsch, weichen Schnee, losen Sandboden sowie Fels oder Schiefer. Besonders oft wurden solche Dienste wohl nicht von ihm verlangt, denn in jenem Jahr wurden gerade einmal 633 W-300 mit Allradantrieb gebaut, und darunter waren sicher nur sehr wenige solche Ungetüme. Zum Vergleich: Die heckgetriebenen D-300er wurden 7501 Mal gebaut.

Die leichteren D-100 und D-200 waren wesentlich populärer beim Publikum: 80.222 Stück liefen im Modelljahr 1963 vom Band. Interessant ist auch folgende Statistik: Von den insgesamt 88.356 gebauten Dodge-Trucks hatten 67.685 den serienmäßigen Sechszylindermotor, den sogenannten „Slant Six". Dabei handelte es sich um eine 1960 bei allen Chrysler-Pkw und ein Jahr später bei den Trucks eingeführte Neukonstruktion mit hängenden Ventilen. Der Motor wurde aus Gründen der Platzersparnis um 30 Grad zur Beifahrerseite geneigt konstruiert und eingebaut. Die kleinere Version hatte 2,8 Liter Hubraum und 101 SAE-PS, die größere 3,7 Liter und 140 SAE-PS. Nur der Power Wagon behielt den seitengesteuerten Sechszylinder. 20.671 Dodge-Trucks wurden mit dem optionalen 5,2-Liter-V8 mit 200 SAE-PS ausgeliefert. Die auf Seite 42 gezeigte Modellgeneration debütierte im Jahre 1961 und blieb bis 1971 im Programm.

Als der VW-Bus 1951 auf den US-Markt kam, ging ein höhnisches Lachen durch die Vorstandszimmer der großen Automobilhersteller. In den Detroiter Konzernzentralen konnte man sich einfach nicht vorstellen, dass echte Amerikaner an einem komischen kleinen Minibus Gefallen finden könnten. Tja, konnten sie doch. 1959 hatten Importfahrzeuge, darunter der VW-Bus, bereits einen Marktanteil von zehn Prozent bei den Neuwagenverkäufen. Der unerwartete Erfolg solch antithetischer Fahrzeuge beim US-Publikum schreckte die „Großen Drei" - GM, Ford und Chrysler - auf und sorgte für passende Konkurrenzmodelle aus eigener Produktion.

Ein solches Modell war der Dodge A-100, der 1964 auf

den Markt kam. Der kompakte Frontlenker, der schon optisch an den VW-Bus erinnerte, wirkte wie ein Fremdkörper unter den massiven Trucks des Nutzfahrzeugherstellers Dodge, wurde aber bereits im ersten Jahr 11.046 Mal gebaut. Wie sein Vorbild aus Deutschland gab es den A-100 als Kleinbus, als Lieferwagen und wie hier als kompakten Pickup. Mit seinem Radstand von 2286 mm war er deutlich größer als der Volkswagen, aber nach US-Maßstäben recht handlich. Für den Vortrieb sorgte auch hier Chryslers Slant Six wie in den großen Trucks. Der A-100 blieb bis Ende des Modelljahres 1970 im Bau, um dann dem größeren B-Van zu weichen, der nicht mehr als Pickup angeboten wurde und uns im Zusammenhang dieses Buches nicht interessiert.
Stattdessen werfen wir noch einen Blick auf die 1961-71er Pickup-Generation, die hier von einem langen 1966er D-100 Sweptline in idyllischer Umgebung repräsentiert wird. Im Vergleich zum 63er Modell fallen sofort die Einzelscheinwerfer auf, die 1965 die Doppelscheinwerfer ersetzten. Der Sweptline und seine Stallgefährten (Utiline, Platform, Stake, Chassis & Cab sowie die geschlossenen Versionen Town Wagon und Town Panel) waren wie gehabt mit kurzem (2895 mm) und langem Radstand (3251 mm) zu haben und seit 1963 auch als viertüriges Crew Cab.
Die Motorisierung war die gleiche wie zuvor plus ein 7-Liter-V8 mit 365 SAE-PS, der ab 1964 als Kernbestandteil der sogenannten Custom Sports Package angeboten wurde. Das Paket war in D-100 und D-200 zu haben und zielte auf junge (männliche) Kunden, die ihren Pickup lieber für heiße Ampelstarts als für die Nutzanwendung einsetzen wollten. Zur Ausstattung gehörten unter anderem Einzelsitze mit Mittelkonsole, Doppelauspuffanlage, Automatikgetriebe, Servolenkung, Bremskraftverstärker und ein Drehzahlmesser. Ein 258 SAE-PS leistender 6,3-Liter-V8 ersetzte den 7,0-Liter ab 1967 und war fortan auch in allradgetriebenen Modellen zu haben.

▼ Der Dodge A-100 von 1964 konkurriert nicht nur mit dem VW-Bus, sondern vor allem mit seinen heimischen Rivalen Chevrolet Corvair und Ford Falcon. Die kompakten Frontlenker sind bereits 1961 als Minibusse, Vans und Pickups auf den Markt gekommen.

▲ Der 1966er Dodge D100 Sweptline in Langversion bietet eine Ladefläche mit den Abmessungen 2,44 x 1,37 x 0,50 Meter (Länge x Breite x Höhe). Die Ladekapazität beträgt 1664 Liter.

Die Langlebigen

1972 debütierten die neuen Dodge-Trucks, auf Seite 43 wiederum exemplarisch verkörpert durch das mit Abstand beliebteste Modell, den D-100 Sweptline mit langem Radstand und mit dem Adventurer-Ausstattungspaket, das vor allem optische Akzente setzte. Wie bei der Vorgängergeneration behielt Dodge seine Firmenpolitik behutsamer Modellpflege bei, also keine bewusste optische Veraltung von Jahr zu Jahr, ein auch von der Konkurrenz bei Ford und GM beherzigtes Prinzip, das Kosten sparte. Für die Pkw aller Hersteller galt dieses Prinzip übrigens nicht, die Modellwechsel fanden dort in wesentlich kürzeren Zeiträumen statt als bei den Trucks.

Die 1972er Dodges warteten mit allerlei Neuerungen auf: Die Vorderräder der Hecktriebler waren nun einzeln aufgehängt – die Allradler beließen es bei der Starrachse – und das Zündsystem war elektronisch. Basismotor war nach wie vor der unverwüstliche Slant Six mit 110 DIN-PS, gefolgt vom 5,2-Liter-V8 mit 150 DIN-PS, einem 5,9-Liter-V8 mit 180 DIN-PS und einem 6,6-Liter-V8 mit 200 DIN-PS; Letzterer war nicht mit Allradantrieb kombinierbar. Die 50 Millionen Dollar Entwicklungskosten für die neuen Dodges zahlten sich aus, denn die Produktion stieg auf 296.397 Exemplare für

▼ Zu den Innovationen, die mit den Dodge-Pickups des Modelljahres 1972 kommen, gehört vor allem die Einzelradaufhängung mit Schraubenfedern an der Vorderachse für alle heckgetriebenen Modelle.

das Modelljahr gegenüber 175.588 für 1971. 71,4 Prozent aller 72er Dodge-Trucks liefen mit einem V8 vom Band, 74,5 Prozent mit Automatikgetriebe, 61,8 Prozent mit Servolenkung, 79,9 Prozent mit Bremskraftverstärker und 15,5 Prozent mit Klimaanlage.

Behutsame Modellpflege ist nicht gleich Untätigkeit. Die Dodge-Marktforscher erkannten in den 1970ern den Trend zum „Adult Toy", dem Spielzeug für Erwachsene und typischem Auswuchs gesättigter Märkte. Trucks spielten in diesem Zusammenhang eine bedeutende Rolle und waren eine Geldquelle, die man anzapfen wollte, beispielsweise mit dem 1977er Power Wagon. Dabei handelte es sich um einen W-100 mit serienmäßigem 6,6-Liter V8 und optischen Highlights, der schon mit dem Traditionsnamen ein gewisses Macho-Image ausstrahlen sollte. Es ist kaum anzunehmen, dass viele Power Wagons als schnöde Baustellenfahrzeuge eingesetzt wurden.

Eine weitere modellpflegerische Maßnahmen war die Einführung von Chryslers größtem V8, einem 7,2-Li-

► 1977 führt Dodge mit dem D/W-150 eine Heavy-Duty-Ausführung der Halbtonner-Klasse ein, die für ein Gesamtgewicht von mehr als 2,7 Tonnen zugelassen ist.

ter-Motor mit 230 PS ab 1974, der ab 1975 auch für 4WD-Modelle angeboten wurde. Der Umweltschutz spielte mittlerweile eine immer größere Rolle, daher wurden Trucks mit einem zulässigen Gesamtgewicht unter 6000 US-Pounds (2724 kg) ab Modelljahr 1975 serienmäßig mit Zweiwege-Katalysator ausgestattet, was bei Dodge den D/W-100 betraf. Interessant war auch das große Geschäft, das Dodge 1975 mit der US-Regierung abschloss. So kaufte die US Army 33.759 Dodge-Pickups zum Stückpreis von 3825 Dollar. Jene Trucks, die den Militärdienst und die damit verbundene ruppige Behandlung überlebten, sind heute in Privathand und fahren auch in Deutschland in mehr oder weniger gutem Zustand herum.

Apropos Erwachsenenspielzeug: Der Li'l Red Truck von 1978 war zweifellos der bekannteste Vertreter dieser Art. Lackiert in leuchtendem Rot, war der kleine Laster ein Utiline mit unverkleideten Flanken und kurzem (2921 mm) Radstand. Der nur als Hecktriebler angebotene Dodge wartete mit einem getunten 5,9-Liter-V8 mit unbekannter Leistung, passender Getriebeautomatik und unverkennbarer Optik auf, vor allem mit den „Stacks", den hochragenden Auspuffrohren, und vielem mehr. 2188 wurden 1978 verkauft, 5118 im Jahr darauf. Die Zeitschriften *Car & Driver* und *Hot Rod* testeten den Prototypen des Li'l Red Truck, der die Viertelmeile in 14,7 Sekunden und mit einer Endgeschwindigkeit von 150 km/h durcheilte. Die gemessene Höchstgeschwindig-

▼ Neben dem Li'l Red Truck bietet Dodge 1978 weitere Sondermodelle an, die schon vom Namen her offenkundig ein junges, männliches Publikum ansprechen sollen wie Warlock oder Macho Power Wagon.

▲ Die Pickups der Marke Dodge erhalten 1990 Bestnoten im Bereich Kundenzufriedenheit von der Rating-Agentur J.D. Power und Associates.

keit lag bei 191 km/h. Beeindruckende Werte in einer Zeit, in der Pkw und Lkw durch Abgas- und Verbrauchsvorschriften mehr und mehr Leistung verloren.
Ein letzter Blick auf die bisher längstlebige Generation von Dodge-Trucks führt uns ins Jahr 1990, als der Ram LE D-150 Club Cab gebaut wurde. Zwei Neuerungen fallen auf: Da wäre zunächst die größere Fahrerkabine, das 1973 eingeführte Club Cab mit Notsitzbank hinter den Vordersitzen. Das Club Cab ergänzte das traditionelle dreisitzige Regular Cab und das viertürige, sechssitzige Crew Cab. Die zweite Neuerung betrifft die Nomenklatur: 1977 wurde der D/W-150 eingeführt, ein Halbtonner mit einem zulässigen Gesamtgewicht von 6000 US-Pounds, also 2724 kg.
Auf der Verlustliste standen auch die großen 6,6-Liter- und 7,2-Liter-V8, die den schärfer werdenden Umweltvorschriften zum Opfer fielen. Der Kundschaft blieben der 3,7-Liter-Reihensechszylinder, der 1989 durch einen 3,9-Liter-V6 mit 125 PS ersetzt wurde, sowie der 5,2-Liter-V8, ab 1988 mit Benzineinspritzung und 140 PS, und der 5,9-Liter-V8, ab 1989 mit Einspritzung und 190 PS. Im gleichen Jahr gab es auch einen Sechszylinder-Turbodiesel des Herstellers Cummins mit ebenfalls 5,9 Litern Hubraum und 160 PS.
Wer genau hinsieht, erkennt auf dem Kotflügel den Schriftzug „Ram", Englisch für Widder. Das Tier symbolisiert Kraft und Geschicklichkeit und tauchte auch als Bildmotiv auf den Dodge-Trucks auf, zunächst nur auf den Allradmodellen, die ab 1981 nicht mehr Power Wagon, sondern Power Ram hießen. Bald darauf übernahmen alle Trucks den Ram-Namenszusatz, der sich später einen so hohen Wiedererkennungswert erwarb, dass alle Dodge-Trucks seit Modelljahr 2010 ausschließlich unter dem Namen Ram vermarktet werden.

Schluss mit lustig

Davor lag aber die Einführung einer gänzlich neuen Modellgeneration von Dodges zum Modelljahr 1994. Nach 22 Jahren brachte der Nutzfahrzeughersteller der Chrysler Corporation erstmals wieder grundlegend modernisierte Trucks heraus, die den mittlerweile auf gerade einmal 4,4 Prozent gesunkenen Marktanteil von Dodge bei großen Trucks wieder anheben sollte. Das gelang auch dank ansprechenden Designs, hoher

Nutzerfreundlichkeit und robuster Technik. Die US-Autozeitschrift *Motor Trend* erklärte den neuen Dodge 1994 gar zum „Truck of the Year". Bis 1995 schnellte Dodges Marktanteil auf 16 Prozent. Vier repräsentative Modelle sollen hier etwas näher beschrieben werden.

Da wäre zunächst der gegenüber 1994 praktisch unveränderte 1996er Dodge Ram 3500 4WD. Man sieht, auch die Modellbezeichnungen hatten sich geändert. Aus den Gewichtsklassen 100, 150, 250 und 300 wurden 1500, 2500 und 3500, die Kürzel D und W zur Kennzeichnung von Heck- und Allradantrieb entfielen. Der Ram 3500, die höchste Gewichtsklasse, hatte auch als normaler Dreisitzer eine 2,44 Meter lange Ladefläche und grundsätzlich doppelte Hinterbereifung. Letztere sorgte für eine Gesamtbreite des Fahrzeuges von satten 2,37 Metern wegen der auffälligen Rückspiegel, die für den Anhängerbetrieb verbaut wurden. Der abgebildete rote Riese hat natürlich Allradantrieb und außerdem den Cummins-Turbodiesel, wie ein entsprechender Schriftzug unterhalb der Bezeichnung Ram 3500 auf der Beifahrertür verkündet. Der Selbstzünder leistete nunmehr 215 PS. Am oberen Rand des Kühlergrills prangt auffallend das Abbild des Widderkopfs.

▲ Die Sitzbank des 1996er Dodge Ram 3500 ist 40/20/40 geteilt. Zwischen Fahrer- und Beifahrersitz gibt es eine herabklappbare Armlehne, die als Ablage für Telefon, Faxgerät oder Laptop dienen kann.

Den Ram 2500, hier ein 1997er, gab es ebenfalls nur mit langer Ladefläche, lediglich die leichteren 1500er waren auch mit 1,98 Meter langem Stauraum erhältlich. Nur mit der Lupe zu erkennen ist das Kürzel V10 auf der Fahrertür. Ja, genau, wem ein V8 zu mickrig war, der konnte ab 1994 auf einen Zehnzylinder-Benziner zugreifen, sofern er die 975 Dollar Aufpreis nicht scheute. Der V10 hatte satte 8,0 Liter Hubraum und leistete 295 PS.

Zuerst eingebaut wurde er in Dodges 1993 vorgestellten Supersportwagen Viper, wo er sogar 400 PS abgab. Für den Einsatz in den Trucks wurde er etwas herabgetunt, und die Drehmomentkurve geriet flacher. Die 610 Newtonmeter verschafften dem Ram eine zulässige Anhängelast von bis zu 5,9 Tonnen und eine maximale Zuladung von 1,4 Tonnen. Kraft hatte er also mehr als genug, aber vom Benzinverbrauch wollen wir lieber nicht reden. Serienmotor war der schon früher erwähnte 3,9-Liter-V6 mit 175 PS, auf der Aufpreisliste fanden

sich noch die altbewährten 5,2- und 5,9-Liter-Varianten des Small Block-V8 der Chrysler Corporation mit 220 und 250 PS. Dieselfans hatten wie bisher den Cummins-Sechszylinder zur Wahl.

Vielfalt gab es nicht nur bei der Motoren-, sondern auch bei der Kabinenauswahl. Neben dem zweitürigen, dreisitzigen Regular Cab bot Dodge natürlich auch bei der neuen Generation wie bisher ein Club Cab mit längerem Fahrerhaus und einer hinteren Notsitzbank an. Was noch fehlte, war ein viertüriges Modell. Dieser Mangel wurde zum Modelljahr 1998 mit der Einführung des sogenannten Quad Cab beseitigt. Das neue Modell wurde im Juni 1997 vom damaligen Chrysler-Vorstandsvorsitzenden Robert A. Lutz (der vorher schon bei GM und Volkswagen und Gott weiß wo sonst noch gearbeitet hatte) auf der Chicago Auto Show vorgestellt. Dafür positionierte man den Dodge vor einer typisch amerikanischen Diner-Kulisse und Lutz warf sich sogar in die Montur eines „short order cook", um den Neuen zu präsentieren. Der Mann war sich wirklich für nichts zu schade. Wie man sieht, hatte das Quad Cab „suicide doors", die berühmt-berüchtigten Selbstmördertüren, die nach hinten öffneten und, dank völliger Abwesenheit durchgehender B-Säulen,

▲ Die Quad-Cab-Ausführung der 1998er Dodge-Pickups mit ihren nach hinten öffnenden Selbstmördertüren ist nicht zuletzt eine Reaktion auf vergleichbare Bemühungen von Marktführer Ford.

▼ Tester loben Material- und Fertigungsqualität des 1997er Dodge Ram 2500, beklagen aber seinen wankelmütigen Geradeauslauf und die gefühllose Servolenkung.

▲ Die Diesel-Ausführung des 2001er Dodge Ram 2500 gibt es auch in einer High Output-Version mit 245 statt 235 PS. Das maximale Drehmoment wächst von 624 auf 685 Nm.

ungehinderten Zugang zu den Rücksitzen ermöglichten. Zu guter Letzt ein Blick auf einen 2001er Ram 2500 in Club Cab-Ausführung mit langer Ladefläche. Hier haben wir es mit einem V8-Modell zu tun, also entweder mit dem 5,2- oder dem 5,9-Liter. Dies ist die Allradversion, wie man an der Hochbeinigkeit des Fahrzeuges erkennen kann. Die Dodge-Trucks dieser Generation waren – je nach Ausführung – zwischen 5,18 (Regular Cab, Short Bed) und 6,20 Meter (Quad Cab, Long Bed) lang.

Das 21. Jahrhundert

Noch während des Modelljahres 2001 wurde die nunmehr dritte Generation der Dodge-Pickups unter dem Namen Ram eingeführt. Den Anfang machten die Brot- und Butter-Trucks der 1500er Klasse zum Modelljahr 2002, gefolgt von den 2500er nund 3500ern zum Modelljahr 2003. Hier sehen wir zunächst einen Ram 3500 4WD Quad Cab SLT Dually Cummins TD von 2004. Übersetzt heißt das: Eintonner, Allradantrieb, Viertürer, SLT-Ausstattungsreihe, doppelte Hinterbereifung, Cummins-Turbodiesel. Letzteres wird durch ein winzig kleines verchromtes „C" auf den vorderen Kot-

flügeln, direkt hinter den Scheinwerfern angezeigt.
Auf den ersten Blick wirkte die neue Truck-Generation nicht wesentlich anders als ihr Vorläufer, aber die Bleche waren nicht austauschbar. Ebenso neu waren der Kastenrahmen, der die Karosserie trug und ein guter Teil der Motorenpalette. Der alte 3,9-Liter-V6 hatte mittlerweile ebenso ausgedient wie der ehrwürdige 5,2-Liter-V8. An ihre Stelle traten ein 3,7-Liter-V6 mit 215 und ein 4,7-Liter-V8 mit 235 PS. Sie beide gehörten einer ganz neuen Motorenfamilie der Chrysler Corporation an, die erst kurz zuvor zur Serienreife gebracht worden war und sich vor allem durch SOHC-Technik auszeichnete. Das Kürzel steht „Single Overhead Camshaft", übersetzt „einzelne obenliegende Nockenwelle" – pro Zylinderbank, versteht sich. Für erzkonservative US-Autobauer war das geradezu eine Revolution.
Hinzu kam ein 5,7-Liter-V8 mit 350 PS, der sogenannte Hemi. Der Name allein rief und ruft bis heute bei Liebhabern amerikanischer Automobile ein wohliges, bisweilen sogar ehrfürchtiges Schauern hervor. Der erste Hemi, so bezeichnet wegen seiner halbkugelförmigen Brennräume, kam 1951 heraus und verlieh den mit ihm ausgestatten Chrysler-Pkw ein bis dahin unerreichtes Überholprestige. Der Hemi der ersten Generation wurde 1958 eingestellt, aber bereits 1964 wiederbelebt, zunächst nur für den Rennsport, ab 1966 auch für die Straße. Der Siebenliter-V8 mit seinen nominellen 425 SAE-PS blieb bis 1971 im Programm und machte Plymouth- und Dodge-Musclecars zu unangefochtenen Königen der Dragstrips.

▲ Der 2004er Ram 3500 Dually in Quad Cab-Ausführung ist 6,34 Meter lang, 2,44 Meter breit und hat einen Wendekreis von 15,9 Metern.

Auf dem Papier hatten zwar manche GM- und Ford-Motoren ebenso viel oder sogar mehr PS als der Hemi, aber in natura war gegen die Chrysler-Pferde kein Kraut gewachsen. Die immer strengeren Abgasvorschriften der 1970er Jahre sorgten dann für das Ableben des Hemi, der aufgrund seiner hohen Anschaffungs- und Unterhaltskosten stets ein Exot blieb. Ende der 1990er Jahre hatten die US-Hersteller gelernt, wie man immer mehr Leistung aus ihren Motoren herausholen und dennoch den Umweltschutzvorgaben der Regierung entsprechen konnte. Unter diesen Umständen war es nur normal, dass die mittlerweile mit Daimler-Benz verheiratete Chrysler Corporation den Hemi wieder her-

▼ Mit 827 Newton-Metern stellt der 6,7-Liter-Turbodiesel von Cummins in diesem 2007er Ram 3500 Chassis Cab mehr Drehmoment bereit als jeder andere Motor seiner Klasse, eine Tatsache, auf die die Dodge-Werbung genüsslich hinweist.

vorholte und diesmal auch für Trucks anbot. Weiterhin auf der Aufpreisliste standen der 5,9-Liter-V8-Benziner mit 245 PS, der 8,0-Liter-V10 mit nunmehr 310 PS und der Turbodiesel mit bis zu 250 PS.

Natürlich war man sich bei Dodge – ebenso wie bei der Konkurrenz – bewusst, dass der seit den 1980er Jahren zunehmende Truck-Boom auf neue, städtische Käuferschichten zurückzuführen war, die Trucks immer öfter als Alltagsfahrzeuge einsetzten. Dessen ungeachtet konnte und wollte man den relativ konstanten Prozentsatz von Nutzanwendern, die Jahr für Jahr brav neue Pickups für ihre Firmen kauften, nicht ignorieren und bot ihnen weiterhin die gewohnte üppige Modellvielfalt an. An diese treuen Käufer wandte sich Dodge ab Modelljahr 2007 mit einem wiederbelebten Chassis Cab auf Basis des Ram 3500.

Wir erinnern uns: Mit einem Chassis Cab erhält der Käufer ein Fahrzeug ohne Aufbauten hinter der Fahrerkabine. Dank standardisierten Kastenrahmens und entsprechender Verkabelung können dann Nachrüster nahezu beliebig vielfältige Sonderaufbauten auf den Rahmen montieren. Beim auf Seite 49 gezeigten Fahrzeug handelt es sich um einen Werkstattwagen für den industriellen Nutzanwender. Den 3500 Chassis Cab gab es entweder mit dem 5,7-Liter-Hemi oder einer auf 6,7 Liter Hubraum vergrößerten Version des Cummins-Turbodiesels mit 305 PS, gepaart mit einer 6-Gang-Getriebeautomatik; der Hemi begnügte sich mit fünf Gängen. Ein Pickup dieser Größen- und Leistungsklasse empfahl sich natürlich auch für den Anhängerbetrieb. Mit den satten 881 Nm Drehmoment des Turbodiesels konnte ein 2008er Ram 3500 problemlos auch einen 12 Meter langen Anhänger der Firma Featherlite ziehen. Dieser Dodge ist übrigens die 2006 eingeführte Mega Cab-Version, ein echter sechssitziger Viertürer mit einer um 56 cm verlängerten Kabine und zwei Meter langer Ladefläche.

Da es sich nicht um ein Chassis Cab handelt, konnte der Ram 3500 auch mit dem 8,0-Liter-V10 (310 PS) oder dem auf 350 PS aufgeblasenen Cummins-Turbodiesel ausgestattet werden, was beim gezeigten Dodge der Fall ist. Der PS-König unter den Trucks war allerdings der SRT-10, eine Hochleistungsversion des Ram 1500 mit Heckantrieb, die von 2004 bis 2006 gebaut wurde. Unter der Motorhaube werkelte eine auf 8,3 Liter Hubraum vergrößerte Ausführung des V10-Benziners mit 510 PS, die Kraftübertragung auf die Hinterräder besorgte entweder ein 6-Gang-Schaltgetriebe oder eine 4-Gang-Automatik. Der SRT-10 war nur eine von etlichen Sonderausgaben des Ram, die zeitweise angeboten wurden.

▼ Der 2008er Ram 3500 Mega Cab ist 6,29 Meter lang. US-Autotester raten vom Kauf des Turbodiesels ab, es sei denn, man wolle Bürogebäude von ihren Fundamenten reißen.

Keinen Bock geschossen

Eine typische Erscheinung des hochentwickelten Kapitalismus unserer Tage ist die Verkürzung der Produktzyklen. Das gilt nicht nur für die Unterhaltungselektronik, sondern auch im Automobilbau, wo sich der Wechsel von einer zur nächsten Modellgeneration stetig zu beschleunigen scheint. Das galt auch für Dodges Trucks von 2002/2003, die nach gerade einmal sechs Modelljahren abgelöst wurden. Die grundlegend neu gestalteten Laster liefen erstmals im September 2008 in Chryslers wichtigstem Lkw-Werk in Warren, Michigan, als 2009er Modelle vom Band.
Zunächst war wie üblich der Goldesel, der Ram 1500, an der Reihe, gefolgt von den höheren Gewichtsklassen 2500 und 3500. Wie bereits erwähnt waren Dodges Trucks ab Modelljahr 2010 gar keine Dodges mehr, sondern firmierten von da an unter dem Markennamen Ram. Angesichts der immer weiter ausufernden Modellfülle müssen auch hier einige wenige Ausführungen die gesamte Generation repräsentieren.
Da wäre zunächst einmal der 2010er Power Wagon, der nach wie vor im Programm war und wie seit vielen Jahren zumindest dem Namen nach auf den bereits erwähnten Klassiker aus den 1940er Jahren zurückgriff. Der Power

▼ Der 2009er Ram 1500 ist der einzige Pickup in seiner Größenklasse mit schraubengefederter Hinterachse. Alle anderen Modelle behalten bis auf weiteres die übliche Starrachse mit Blattfedern.

Wagon jüngster Zeit ist eine spezielle Offroad-Version des Ram 2500, natürlich mit Allradantrieb, und wurde zunächst nur als Regular Cab, später als viertüriges Crew Cab angeboten. Charakteristisch waren die serienmäßigen Kotflügelverbreiterungen, um die 33-Zoll-Geländereifen Typ Goodrich All-Terrain T/A 285/17R17 aufzunehmen. Wie es sich für einen harten Offroader gehört, war der Power Wagon höher gelegt, 3,5 cm vorn und 2,5 cm hinten und verfügte über einen kompletten Unterfahrschutz. Als Kraftquelle diente der Hemi, zunächst die 5,7-Liter-Ausführung mit bis zu 383 PS, ab 2014 die größere 6,4-Liter-Version mit 410 PS. Damit die vielen Pferde ihre Kraft auch auf die Piste bringen, arbeiteten sie mit einem 6-Gang-Automatikgetriebe zusammen.
Ein völlig anderes Vehikel gleichen Namens war der 2000er Power Wagon-Prototyp, der lediglich als Concept Car respektive als Studie gebaut wurde. Basierend auf dem Ram seiner Zeit, lag er ganze 7,5 cm höher als das Serienmodell und verfügte über Allradantrieb. Ausgestattet mit einem 7,2-Liter-Sechszylinder-Turbodiesel

▲ Der 2000er Dodge Power Wagon ist eine handgefertigte Design-Studie auf Basis des zeitgenössischen Ram-Pickups. An eine Serienproduktion ist nicht gedacht.

▼ Ab Modelljahr 2010 werden die Trucks nicht mehr unter ihrem traditionellen Markennamen Dodge, sondern als separate Marke Ram angeboten. Das gilt natürlich auch für das Sondermodell Power Wagon.

mit 250 PS und luxuriös-modernem Interieur, hatte er keine echte Chance, jemals in Serienproduktion zu gehen. Mit seinem Retro-Design machte er aber durchaus Furore auf der Chicago Auto Show von 1999, wo er zuerst vorgestellt wurde.
Deutlich konventioneller, aber auch praktisch gab sich der 2010er Ram 3500 Mega Cab, hier vor passender agrarischer Kulisse dargeboten. Allein die Kenndaten lassen den städtischen europäischen Parkplatzsucher erschauern: Radstand 4376 mm, Länge 6680 mm und Breite 2017 mm (ohne Außenspiegel). Auch dieser Heavy-Duty-Pickup wird vom Turbodiesel angetrieben, der in den höheren Gewichtsklassen durchaus als etabliert gelten darf. Ansonsten bevorzugen amerikanische Truck-Käufer weiterhin Ottomotoren wie eh und je. Dieser 3500 verfügte über die Laramie-Ausstattung, die höchstwertige von drei Stufen. Darunter lagen ST und SLT. Zeitgenössischen Geschmack und anspruchsvolle Käufererwartungen erfüllten sie eigentlich alle, auch und gerade in Sachen Konnektivität (GPS, Bluetooth etc.), die auch in Pickup Trucks eine stetig wachsende Rolle spielt, aber auch dafür sorgt, dass die einst kargen Nutzfahrzeuge immer teurer in der Anschaffung werden.
In die Abteilung „Adult Toy" passt hingegen wieder der 2011er Ram 392 Quick Silver, den sicher niemand zum Transport von Heuballen oder Schweinehälften hätte einsetzen wollen. Auch hier handelte es sich um ein Concept Car, mit dem die Möglichkeiten des Powertunings für einen Pickup im 21. Jahrhundert aufgezeigt werden sollten. Zu diesem Zweck zeigten die Jungen Wilden der Chrysler PS-Schmiede Mopar Underground den 392 Quick Silver auf der größten Tuning-Show der Welt, der SEMA Auto Show im Herbst 2011.
Dank der Bemühungen der Underground-Crew wurde aus einem Ram 1500 R/T, der ohnehin schon mit einem

▼ Der 2010er Ram 3500 Mega Cab war nicht nur außen riesig, sondern bot seinerzeit laut Chrysler-Werbung mehr Platz im Innenraum als seine Konkurrenten, die Heavy Duty-Pickups von Chevrolet, GMC und Ford.

▲ Dieser 2011er Ram 392 Quick Silver ist ein Showcar von Mopar Underground. Diese PS-Schmiede ist für Chrysler, was AMG für Mercedes-Benz darstellt.

▼ Der Ram 1500 ist seit 2012 mit Special Service Package erhältlich, vor allem für den Polizeidienst. Der 5,7-Liter-V8 ist mit selektiver Zylinderabschaltung ausgerüstet, um bei niedrigen Drehzahlen Kraftstoff zu sparen.

potenten 390 PS-Hemi ausgestattet und auf Sportlichkeit ausgelegt war, ein 470 PS starker Muscle Truck mit 6,4-Liter-Hemi-V8, Sportfahrwerk und Brembo-Scheibenbremsen vorne und hinten. Da so ein Kraftwerk auf Rädern auch optisch überzeugen muss, verpasste man dem Ram eine auffällige quecksilberfarbige Lackierung (daher der Name) sowie viel Rot an den richtigen Stellen. Die Journalisten von *Motor Trend* testeten den Quick Silver und ermittelten eine Beschleunigungszeit von 5,2 Sekunden von 0 auf 96 km/h, die Viertelmeile fiel in 13,7 Sekunden bei einer Endgeschwindigkeit von 163 km/h. Der Quick Silver hätte der legitime Nachfolger des SRT10 werden können, ein Ram mit dem schon erwähnten V10, der in der Vorgängergeneration eine Zeitlang angeboten und dann aus dem Programm genommen wurde. Der Quick Silver ging allerdings nie in Serie, und so mussten sich die Dodge-Fans mit dem popeligen 5,7-Liter-Hemi zufrieden geben – bis auf weiteres zumindest.
Deutlich utilitaristischer war da schon der Ram 1500 mit Special Service Package, der 2012 vorgestellt wurde.

Angesichts der eindeutigen Käuferpräferenz für Trucks gegenüber Pkw in den USA war es nur eine Frage der Zeit, bis jemand einen Pickup für den Polizeieinsatz umrüstete. Dieser Jemand war Dodge respektive Ram. Am 8. November 2011 lancierte die Firma ihren Special Service Truck, der nur als Crew Cab mit Allradantrieb angeboten wurde. Der einzige verfügbare Motor war der 5,7-Liter-Hemi mit 345 PS und Automatikgetriebe.

Zum Ausstattungspaket gehörten ein separater Kühler für das Motoröl, das sich bei langen Standzeiten im Leerlauf stark erhitzt, eine 220-Ampere-Lichtmaschine für die vielen zusätzlichen Stromverbraucher in einem Polizeiwagen wie etwa Sirene, Blaulicht, Funkgerät und Computer, robuste, abwaschbare Sitzbezüge, abschließbare Staukästen auf der Ladefläche für Schusswaffen und anderes Gerät, Türen vorbereitet für den Einbau schusssicherer Platten und Fenster sowie ein härteres Fahrwerk. Der Allradantrieb empfiehlt den Ram 1500 für den Einsatz bei ländlichen Polizeibehörden, den Park Rangers oder der Feuerwehr. Die Special Service Package wird nach wie vor für den Ram 1500 angeboten.

Zu guter Letzt ein Blick auf die jüngste Generation der Ram Trucks, die zum Modelljahr 2019 eingeführt wurde, hier vertreten durch einen Ram 2500 Power Wagon und einen Ram 3500. Der 6,4-Liter-Hemi mit 410 PS und 8-Gang-Automatik ist Serienausstattung im Ram 2500 und 3500 Heavy Duty. Dieselfans können auf den 6,7-Liter-Turbodiesel zugreifen, der bis zu 400 PS leistet und mit einer bescheidenen 6-Gang-Automatik auskommt. Der Ram 1500 fährt mit einem 3,5-Liter-V6 oder dem 5,7-Liter-Hemi.

Wie sein Vorgänger hat der Ram 1500 auch als Allradler vorn Einzelradaufhängung, während die höheren Gewichtsklassen bei der vorderen Starrachse blieben, zumindest die 4WD-Modelle. Auf Wunsch gibt es bei

▼ Anders als ihre Pkw-Stallgefährten von Dodge gewinnen die Ram-Trucks ständig Kunden hinzu. 2018 werden in den USA und in Kanada 621.834 Ram 1500/2500/3500 verkauft, ein neuer Rekord.

allen Modellen Luftfederung für die Hinterachse, die vom Fahrersitz aus in verschiedene Betriebsmodi geschaltet werden kann, um beispielsweise die Ladefläche abzusenken zwecks vereinfachter Beladung. Ram rühmt diese Neuerung als einzigartig in dieser Fahrzeugklasse. Gleichzeitig betont die Firmenwerbung die unübertroffene Zuglast von 15,9 Tonnen und die maximale Zuladung von 3,9 Tonnen für den 3500 HD.

Kein Wunder bei 1355 Nm Drehmoment für den Turbodiesel. Wer also zu Hause ein paar Baumstümpfe aus der Erde ziehen will, der weiß, wo er den dazu passenden Truck findet.

Haben Sie's kleiner?

Modellproliferation. So nennt der Akademiker die Ausdifferenzierung des Produktangebots eines Automobilherstellers. Dieser Begriff beschreibt treffend die Entwicklung in der Automobilindustrie seit gut 100 Jahren. Immer neue Plattformen, Modelle und Varianten wurden und werden eingeführt, um auch noch die allerletzte Nische immer weiter gesättigter Märkte abzudecken, solange damit Geld zu verdienen ist. Eine solche Nische erkannte man bei Dodge in den späten 1980er Jahren und rückte ihr mit einem neuen Modell namens Dakota zu Leibe.

Der zum Modelljahr 1987 eingeführte Dakota wurde oberhalb des Dodge Power Ram 50 angesiedelt, eines vom Chrysler-Partner Mitsubishi gebauten und seit 1979 in die USA exportierten kompakten Pickups, der direkt mit Chevrolets S-10 und Fords Ranger konkurrierte. Aus Sicht der Dodge-Marktforscher klaffte eine Lücke zwischen dem Power Ram 50 und dem großen Power Ram, die der als mittelgroß beworbene Dakota füllen sollte. Angeboten als zweitüriger Dreisitzer mit langem und kurzem Radstand (2845 und 3149 mm) und damit verbundener kurzer und langer Ladefläche (1,83 bzw. 2,44 Meter) war der Dakota tatsächlich größer als Chevys oder Fords kleine Trucks und damit ein Unikat. Angetrieben wurde er von einem 2,2-Liter-Vierzylinder mit 97 PS oder vom schon an anderer Stelle erwähnten 3,9-Liter-V6 mit 125 PS. Der V6 war Serienausstattung in den allradgetriebenen Modellen und aufpreispflichtig in den 2WD-Dakotas. Ein 5-Gang-Schaltgetriebe oder eine 4-Gang-Automatik übertrugen die Motorkraft.

Ein Facelift zum Modelljahr 1991 bescherte dem Dakota die leicht aerodynamisch gerundete Front. Zu diesem Zeitpunkt gegen Ende der ersten Modellgeneration hatte der Dakota bereits zwei neue Modelle erhalten, ein Cabriolet im Jahre 1989 und ein Club Cab mit verlängerter Kabine im Jahre 1990. Das Cabrio verschwand bereits nach 1991 wieder, das Club Cab blieb.

◄ Fiat-Chrysler, der Mutterkonzern, verkauft Trucks wie diesen 2019er Ram 3500 nicht nur in Nordamerika, sondern auch in Australien, wo sie auf Rechtslenkung umgebaut und mit einem Einstiegspreis von rund 140.000 Dollar angeboten werden.

▲ Der 1996er Dodge Dakota, ein mittelgroßer Pickup, wird kurz vor dem Wechsel in die nächste Generation noch mit optionalem ABS und Airbag auf der Fahrerseite angeboten.

▼ Der 1997er Dodge Dakota ist der einzige Pickup in seiner Klasse, der auf Wunsch auch mit V8-Motor zu haben ist. Sein 5,2-Liter leistet 220 PS. Dieser Regular Cab hat allerdings einen V6.

Ebenfalls neu ab 1991 war ein optionaler 5,2-Liter-V8, Chryslers allgegenwärtiger Small Block mit zunächst 170 PS, der dem relativ leichten Dakota ordentlich Vortrieb verschaffte. Das traf umso mehr ab 1992 zu, als der V8 dank Benzineinspritzung 230 PS machte. Der Vierzylinder war 1989 durch einen größeren 2,5-Liter mit 99 PS ersetzt worden, der große Favorit bei der Kundschaft aber war und blieb der V6 mit bis zu 180 PS, wiederum dank Einspritzanlage ab 1992.
Es war das Modelljahr 1997, als die zweite Generation des Dakota auf den Markt kam, etwa in Form des Regular Cab mit langer Ladefläche, hier in einer schon damals immer selteneren unverbrezelten Arbeitstierversion mit 3,9-Liter-V6 zu sehen. Der wurde übrigens 2004 durch den oben erwähnten 3,7-Liter-V6 mit SOHC-Technik ersetzt. PS-Freaks ließen den V6 ebenso wie den noch bis

► Der 1998er Dodge Dakota in Club Cab-Ausführung bietet 1016 mm Kopffreiheit auf den Vorder- und 965 mm auf den Rücksitzen. Die Beinfreiheit beträgt 1064 mm vorne und 561 mm hinten.

2002 erhältlichen Vierzylinder links liegen und griffen eher zum Dakota R/T wie diesen 1998er Club Cab. Der R/T (steht für Road & Track, also Straße und Rennstrecke) war ein auf Sportlichkeit getrimmter Truck mit dem aus den Full-Size-Pickups bekannten 5,9-Liter-V8 Small Block mit 250 PS.

So viel Motor in so wenig Truck war bis dahin ein absolutes Novum. Der Dakota R/T wurde im Test mit 6,9 Sekunden beim Sprint von 0 auf 60 Meilen pro Stunde (= 96 km/h) gemessen, die Viertelmeile durcheilte er in gut 15 Sekunden – außergewöhnlich für einen Kleinlaster, zumindest nach zeitgenössischen Maßstäben. Heutzutage haben wir uns natürlich gewöhnt an Power-Pickups, die exotische Sportwagen aus den Sechzigern an der Ampel einfach stehen lassen. Sic transit gloria mundi.

Die dritte und letzte Modellgeneration des Dodge respektive Ram Dakota, hier verkörpert von einem 2007er TRX4 Off-Road, wurde während der Modelljahre 2005 bis 2011 angeboten und basierte auf Dodges SUV, dem

TRX4
OFF-ROAD
All-Terrain T/A
BFGoodrich
All-Terrain T/A

Durango. Anders als dieser verkaufte sich der Dakota allerdings immer schlechter, von seinem besten Jahr, 2000, mit 177.395 Verkäufen, war er 2005 mit gerade einmal 104.051 Exemplaren weit entfernt, und danach ging es weiter bergab in den fünfstelligen Bereich.
An der Qualität des Dakota lag es wahrscheinlich nicht, dass er beim Publikum nicht mehr ankam. Das ging nur den Weg weg von den unbeliebten klassischen Pkw gleich hinüber zu den großen Pickups. Der Dakota wurde ab 2005 nur noch als Club Cab und wie hier als Crew Cab angeboten. Unter der Haube werkelten der 3,7-Liter-V6 oder der 2004 eingeführte 4,7-Liter-V8, der die älteren 5,2- und 5,9-Liter ersetzte. Das TRX4 Off-Road-Ausstattungspaket war ab Mitte 2006 erhältlich und richtete sich an Kunden, die mit ihrem Dakota ab und zu vom Wege abkamen.
Höherlegung um 2,54 cm, abgestimmtes Fahrwerk, Sperrdifferenzial und Unterfahrschutz gehörten neben der passenden Optik zu den wichtigsten Ausstattungsmerkmalen. Es half jedoch ebenso wenig wie die sechs weiteren Ausstattungspakete, den Dakota beim Publikum beliebter zu machen. 2011 wurden nur noch 12.156 Einheiten verkauft. Unter diesen Umständen zog Fiat, dessen Bestandteil die Chrysler Corporation nunmehr war, die Notbremse und eliminierte den Dakota. Sein Ersatz kam erst in diesem Jahr, 2019, auf den Markt: Der Jeep Gladiator, über den an anderer Stelle berichtet wird.

◀ Der 2007er Dodge Dakota Quad Cab ist 5,55 Meter lang und 1,82 Meter breit. Die heckgetriebene Ausführung hat einen Einstiegspreis von 22.480 Dollar, der Allradler beginnt bei 25.330 Dollar.

FORD

Everybody's Truck

Henry Ford. Der Name allein ist Legende und so ziemlich jeder hat schon einmal von dem Menschen gehört. Ford gehört zu den wenigen Großen der Automobilbranche, die auch Laien bekannt sind, die sich nicht die Bohne für Autos interessieren. Henry Ford wurde am 30. Juli 1863 auf einer Farm in Dearborn, Michigan, geboren, wo auch heute noch das Hauptquartier des Unternehmens residiert, das er schließlich – nach mehreren gescheiterten Anläufen – im Jahre 1903 ins Leben rief.

Mythen ranken sich um ihn. Manche Amerikaner glauben, Ford habe das Auto erfunden. Hat er nicht, aber bereits 1896 sein erstes Automobil, das er Quadricycle nannte, selbst gebaut. Andere glauben, Ford hätte das Fließband erfunden. Hat er auch nicht, aber es in der Automobilindustrie eingeführt und damit mehr zu Massenproduktion und -mobilität beigetragen als wohl jeder andere.

Ford war ein typischer Firmengründer seiner Zeit, ein Patriarch, der seinen Arbeitern schon 1918 einen Stundenlohn von fünf Dollar zahlte, deutlich mehr als die damals üblichen Hungerlöhne (wer sollte sonst seine Autos kaufen, war sein einleuchtendes Argument). Er baute Werkssiedlungen für die Arbeiter, saubere, ordentlich eingerichtete Häuser, mit denen er der in den Industriestädten der USA verbreiteten Slumbildung entgegenwirkte.

Andererseits duldete er in seinem Unternehmen keine Farbigen, und wer in den Werkssiedlungen wohnte, durfte keinen Alkohol trinken, nicht in der Öffentlichkeit fluchen und musste sonntags in die Kirche gehen. Ford setzte in den 1930er Jahren Schlägertrupps gegen Gewerkschafter ein, die seine Arbeiter organisieren wollten, was ihm eine Menge juristischer Probleme einbrachte.

Fords Antisemitismus war weithin bekannt (und keineswegs untypisch für seine Zeit), was ihm die Bewunderung Adolf Hitlers einbrachte, der Ford sogar eine Auszeichnung verlieh, die er allerdings nicht persönlich annahm. Dem technischen Fortschritt im Automobilbau stand Ford eher skeptisch gegenüber. Wäre es nach ihm gegangen, hätte sein Unternehmen bis in alle Ewigkeit das Model T von 1909 gebaut. Mehr Auto braucht kein Mensch, so seine Überzeugung. Ford starb 1947.

Die ersten Nutzfahrzeuge lancierte die Ford Motor Company, die übrigens lange Zeit ein Familienunternehmen war und nicht mehrheitlich den Aktionären gehörte wie General Motors und die Chrysler Corporation, im Jahre 1905. Die Kundschaft bekam ein „rolling chassis", ab 1909 auf Basis des Model T und setzte ihre eigenen Aufbauten, darunter natürlich auch Pickups, darauf. Der erste Werks-Pickup kam 1925 heraus. Ab 1928 basierten Ford-Trucks auf dem Model A, dem Nachfolger des Model T, das es ab 1932 mit dem neuem V8 gab, dem einzigen in der Preisklasse.

Wie die Konkurrenz baute Ford nach dem Zweiten Weltkrieg erst einmal zwei Jahre lang die Vorkriegsmodelle praktisch unverändert weiter, bis schließlich zum Modelljahr 1948 die ersten wirklich neuen Trucks herauskamen, ein Jahr vor den Pkw übrigens, die erst 1949 modernisiert wurden. Der F-1, wie Ford den kleinsten und leichtesten Pickup in seinem Aufgebot nannte, hatte einen Radstand von 2895 mm, war 4795 mm breit und 1929 mm hoch. Der serienmäßige Motor war ein 3,7-Liter-Reihensechszylinder mit 95 SAE-PS, gegen 27 Dollar Aufpreis gab es Fords berühmten „Flathead", den mittlerweile 3,9 Liter großen seitengesteuerten V8 mit stehenden Ventilen und 100 SAE-PS. Der Sechszylinder war übrigens auch ein Flathead. Der F-1 war ein Halb-

► Der 1948er F-1 ist Fords erstes wirklich neues Nachkriegsfahrzeug. Mit dem serienmäßigen 3,7-Liter-Sechszylinder kostet er 1212 Dollar, mit dem 3,9-Liter-V8 1239 – ohne Extras, versteht sich.

FORD
FORD

tonner, über dem der F-2 und der F-3 standen, größere und schwerere Ausführungen für eine Dreivierteltonne respektive mehr als eine Tonne Zuladung.
Die neuen Trucks, mit denen die bis heutige gebräuchliche Bezeichnung „F-Series" für Fords Trucks eingeführt wurde, waren ein solch großer Erfolg, dass sie bis einschließlich 1950 praktisch unverändert gebaut wurden. Das mit weitem Abstand beliebteste Modell war der hier gezeigte F-1 Pickup, der 148.956 Mal gebaut wurde, gefolgt vom F-2 Pickup mit 21.464 und dem F-3 Pickup mit 20.446 Exemplaren. Die sonstigen Karosserieversionen (Panel, Chassis & Cab, Stake, Platform) fielen im Vergleich dazu kaum ins Gewicht. Erst 1951 verpasste Ford seinen Trucks einen neuen Kühlergrill, der den Ford F-1 und seine Stallgefährten schwerer und wuchtiger aussehen ließ. Der auf 3,5 Liter verkleinerte Sechszylinder leistete nun 101 PS und der unveränderte V8 106.

▼ 1951 wird der Ford F-1 Pickup 117.414 Mal gebaut. Zu den Extras gehört eine Stoßstange für das Heck.

Fifties Style: Neuer Look, mehr Power

1953 war es wieder an der Zeit für eine neue, dem Zeitgeschmack entsprechende Modellgeneration, hier repräsentiert durch einen 1954er F-100 in seiner natürlichen Umgebung auf einer Farm. Die Modellbezeichnungen hatten sich ebenfalls geändert: Aus dem F-1 wurde der F-100, der F-2 hieß nun F-250 und der F-3 F-350 – wie noch heute. Die Modellpflege beschränkte sich aber keineswegs nur auf Äußerlichkeiten, denn bereits 1952 hatte Ford einen neuen OHV-Sechszylinder mit (OHV = Overhead Valves, also hängende Ventile) eingeführt, der 1954 um Fords ersten OHV-V8 ergänzt wurde.
Nach gerade einmal 22 Jahren hatte der Dearborner Konzern die Flathead-Technik aufgegeben und sich dem allgemeinen Trend zum OHV-Motor angeschlossen. Erzrivale Chevrolet hatte das bereits 1929 getan.

Fairerweise muss man aber auch sagen, dass Chevys Stallgefährte Pontiac erst 1955 seine seitengesteuerten Reihensechs- und Achtzylinder aufgab. Wie auch immer, 1954 hatte Fords Sechszylinder 3,7 Liter Hubraum und leistete 115 SAE-PS, der V8 trumpfte mit 3,9 Litern und 130 SAE-PS auf.

Die neuen Trucks hatten außerdem einen um 254 mm längeren Radstand und waren mit 4803 mm ein klitzekleines bisschen länger. Die 6x16-Reifen (entspricht 155er Gürtelreifen) durften ein zulässiges Gesamtgewicht von 2179 kg durch die Gegend wuchten. Der hier gezeigte F-100 Pickup war wiederum der Spitzenreiter unter den Ford-Kleinlastern mit 101.202 gebauten Exemplaren für 1954. F-250-Trucks hatten einen 2997 mm langen Radstand, F-350 sogar 3302 mm und wa-

▼ Dieser 1955er Ford F-100 ist mit dem serienmäßigen Dreigang-Schaltgetriebe ausgestattet. Das aufpreispflichtige Vierganggetriebe wird per Knüppelschaltung bedient.

▼▼ Die Ladefläche des 1954er Ford F-100 Pickups besteht aus Holz und ist mit Stahlstreben verstärkt. Die Ladekapazität liegt bei 1273 Litern.

ren entsprechend länger als der F-100. Im Fahrgastraum des F-100 ging es recht bescheiden zu. Die Instrumentierung war überschaubar, der PVC-Sitzbezug schlicht gestaltet und abwaschbar. Das serienmäßige Dreigang-Schaltgetriebe wurde per Lenkradschaltung bedient. Als aufpreispflichtige Extras gab es Overdrive, Viergang-Schaltgetriebe und – ab 1953 – das dreistufige Ford-O-Matic-Automatikgetriebe.

1957 warf Ford die dritte Nachkriegsgeneration von Trucks auf den Markt: kantiger, wuchtiger, größer und schwerer. Ein wichtiger Repräsentant dieser Generation war der 1959er F-250, abgesehen von den Doppelscheinwerfern und dem prominenten Ford-Schriftzug über dem Kühlergrill äußerlich unverändert gegenüber dem 57er. Es handelt sich um einen Styleside mit glatten Karosserieflanken, ein Konkurrenzmodell zum Chevrolet Cameo Carrier, das ebenso wie sein Rivale schlagartig zum Liebling der Kundschaft aufstieg.

Die Radstände der F-Series-Trucks blieben unverändert, allerdings gab es den F-100 jetzt sowohl in Kurz- als auch in Langversion, um ein breiteres Publikum anzusprechen. In dieser Hinsicht war es sicher hilfreich, dass der V8 mittlerweile auf 4,8 Liter und 200 SAE-PS gewachsen war. Eine bedeutende technische Neuheit war zweifellos der ab 1959 verfügbare Allradantrieb für den langen F-100 Styleside und den F-250 Styleside sowie die jeweiligen Chassis & Cab-Modelle für Sonderaufbauten hinter der Fahrerkabine. Natürlich hatte es auch schon vor 1959 Ford-Trucks mit Allradantrieb gegeben, aber nicht ab Werk, sondern vom Nachrüster Marmon-Herrington in Indianapolis. Der F-250 Styleside wurde 1959 übrigens 16.491 Mal gebaut und war damit der zweitbeliebteste Ford nach dem F-100 Styleside mit 112.082 Exemplaren.

▼ Der 1959er Ford F-250 mit Allradantrieb lässt sich mit einem 4,8-Liter-V8, aber nicht mit Automatikgetriebe ordern. Er kostet 2672 Dollar, 566 mehr als die 2WD-Ausführung.

The Swingin' Sixties

Es heißt, wer sich an die Sechziger erinnern kann, hat sie nicht erlebt, die Zeit der Beatles und der Rolling Stones, der Drogen und der freien Liebe. Für die arbeitende Bevölkerung, vor allem auf dem Land in den USA, war all das weit weg. Sie interessierte sich viel mehr für Fords neue Pickups, die 1961 herauskamen und in dieser Form bis 1966 gebaut wurden. Attraktiv gestaltet und praktischer als je zuvor werden sie hier von einem F-100 Styleside und einem F-250 Styleside mit nachgerüstetem Camper Top vertreten, beide Modelljahr 1965. Gemäß der klassischen amerikanischen Weisheit „bigger is better" waren Fords Trucks auch in dieser Generation wieder gewachsen. Die Radstände maßen nun 2895 (F-100), 3099 (F-100 und F-250) und 3353 mm (F-350). Die Motoren dagegen hatten etwas an Leistung verloren. Der 3,7-Liter-Sechszylinder bot jetzt noch 135 SAE- respektive 114 DIN-PS, der 4,8-Liter-V8 160 SAE oder 135 DIN-PS. Für 1965 gab es 254 mm mehr Radstand für den F-100 und den F-250, außerdem debütierte ein viertüriges Crew Cab mit extra langem Radstand (3734 mm für den F-250, 3861 mm für den F-350). Ein neuer Sechszylinder kam ebenfalls in jenem Jahr heraus sowohl für Fords große Pkw als auch für die Light Trucks. Der von Ford als „Big Six" beworbene Motor hat-

▼ Dieser 1965er Ford F-100 ist einer von 489.510 Trucks, die Ford während des Kalenderjahres insgesamt verkauft, ein neuer Rekord.

te knapp 4 Liter Hubraum und leistete 150 SAE- oder 129 DIN-PS. Die Kurbelwelle war siebenfach gelagert statt dreifach wie beim Vorgänger, was mehr Belast- und Haltbarkeit versprach. Eine vergrößerte Ausführung mit 4,9 Litern Hubraum leistete gar 170 SAE-PS (150 DIN) und war exklusiv für Fords Trucks reserviert. Wem das immer noch nicht reichte, der griff zu einem 5,8-Liter-V8 mit 208 SAE-PS.
Der 1965er F-100 Styleside, hier mit langem Radstand und in ansprechender Zweifarblackierung, war 5,21 Meter lang und wurde 178.581 Mal gebaut. In Serienausführung wog er 1525 kg und kostete 2018 Dollar. Der F-250 war gleich lang, wog 1621 kg (natürlich ohne Camper Top) und kostete 2141 Dollar. Er wurde 42.044 Mal gebaut. Nicht verschweigen bleiben soll eine bedeutende technische Neuerung des Jahres 1965 bei Fords Trucks, eine Einzelradaufhängung für die Vorderachse der heckgetriebenen Trucks, die sogenannte „Twin I-Beam Suspension". Dabei handelt es sich um eine eher simple Pendel- oder Schwingachskonstruktion, die auf das Jahr 1903 und einen deutschen Ingenieur namens Edmund Rumpler zurückgeht. Ford hielt bis 1980 an ihr fest, wobei die 4x4-Pickups die vordere Starrachse behielten.

▼ Der 1965er F-250 mit Campingaufsatz hat einen V8-Motor. Ein kleines Emblem am vorderen Rand der Motorhaube weist darauf hin.

Bekannt aus Film und Fernsehen

Man mag es angesichts der äußeren Unterschiede kaum glauben, aber die 1961-66er Pickups lieferten auch die technische Basis für die 1967 und 1973 vorgestellten Folgegenerationen. Mit seinem geradezu eleganten Styling überzeugte etwa der 1973er F-100 eine stetig wachsende Zahl von Käufern, nicht zuletzt wegen seiner häufigen Auftritte in Filmen und Fernsehserien. Satte 457.746 kurze und lange F-100 Stylesides wurden gebaut, davon übrigens gerade einmal 5912 mit Allradantrieb. Der schicke blaue Ford hier hat keinen.

Die Motorenauswahl war größer denn je: Neben dem bekannten 4,0-Liter-Sechszylinder und seinem großen Bruder, dem 4,8-Liter mit 117 PS, gab es einen 5,0-Liter-V8 mit 130 PS, einen 5,9-Liter-V8 mit 143 PS, einen 6,4-Liter-V8 mit 161 PS und einen fetten 7,5-Liter-V8 mit bis zu 239 PS. Der 5,9- und der 6,4-Liter gehörten der 1958 in Ford- und Edsel-Pkw eingeführten FE-Motorenfamilie an und wurden nach 1976 endgültig zur Ruhe gebettet. An ihre Stelle traten 1977 ein 5,8-Liter- und ein 6,6-Liter-V8 aus den Small- und Big-Block-Familien. Sie leisteten 156 respektive 169 PS. 5,0-Liter- und 7,5-Liter-V8 waren nur in heckgetriebenen Trucks erhältlich.

Die bekannten Karosserieversionen Regular Cab (Zweitürer, dreisitzig) und Crew Cab (Viertürer, sechssitzig) wurden 1974 durch das SuperCab ergänzt, hier an einem F-100 mit 2,44 Meter langer Ladefläche. Sechs Sitze in einer kürzeren Kabine, das verspricht wenig Beinfreiheit, aber der Kundschaft gefiel es, denn immerhin 17.537 F-100 SuperCab wurden 1974 gebaut und 10.852 F-250. Alles Hecktriebler übrigens, 4WD war hier nicht verfügbar.

Angesichts des mit 5,93 Meter Gesamtlänge nicht gerade kleinen SuperCabs kam der 1978er F-100 Custom Flareside mit Short Box (1,98 Meter lange Ladefläche) und 4882 mm Gesamtlänge geradezu kompakt daher. Flareside, die klassische Flankengestaltung eines Pickups mit freiliegenden hinteren Kotflügeln, gab es natürlich immer noch, obwohl sie in puncto Beliebtheit nicht mit den Stylesides konkurrieren konnten. Wie alle Ford Trucks für jenes Modelljahr hatte er ein maßvolles Facelifting hinter sich.

Hier ist er als allradgetriebene Ausführung zu sehen, was den Käufer zusätzliche 750 zum Basispreis von 4399 Dollar kostete. Das Jahr 1978 ist modellhistorisch auch

▲ Wer seinen 1973er Ford F-100 Styleside Long Bed lieber mit Allrad- als wie hier mit Heckantrieb haben will, der muss 575 Dollar auf den Basispreis von 2925 drauflegen.

▲ 1974 verkauft Ford insgesamt 885.708 Trucks wie diesen F-100 SuperCab und schlägt damit knapp den Erzrivalen Chevrolet, der nur 885.362 Exemplare an den Mann bringt.

▲ Der 1978er Ford F-100 Custom Flareside wird serienmäßig von einem 4,0-Liter-Reihensechszylinder angetrieben, der 101 DIN-PS leistet.

deshalb von Bedeutung, weil Ford den F-150 einführte, der mit maximal 2,9 Tonnen mehr Gesamtgewicht hatte als der F-100 mit seinen 2,6 Tonnen. Er war offenbar genau das, worauf Truck-Käufer gewartet hatten, denn er eroberte sofort die Spitzenposition unter den Ford-Kleinlastern: 422.264 F-150 wurden 1978 gebaut gegenüber 158.591 F-100, 190.613 F-250 und 59.528 F-350. Apropos Stückzahlen: 1978 wurde Ford zum führenden Truck-Hersteller der USA, und dabei ist es geblieben.

▼ Das Ranger-Ausstattungspaket dieses 1980er Ford F-150 Styleside mit 2,44 Meter langer Ladefläche ist eine rein auf das Aussehen des Trucks beschränkte Option. Motoren und Getriebe sind unverändert.

Die Achtziger: Downsizing ist angesagt

Die Ölkrisen von 1973/74 und 1979/80 (ja, es gab zwei) trafen die Automobilindustrie hart, nicht nur in den USA. Detroits Platzhirsche General Motors, Ford und Chrysler, die ohnehin von naseweisen Japanern immer mehr unter Druck gesetzt wurden, mussten sich obendrein mit der Regierung in Washington herumärgern, die ihnen zum ersten Mal Verbrauchsvorschriften für ihre Fahrzeugflotten aufs Auge drückten. Als ob die Abgasvorschriften seit den späten Sechzigern nicht schon genug gewesen wären.

1983 baut Ford erstmals Dieselmotoren in seine Light Trucks ein.

Zunächst betraf es nur Pkw, aber auch die Trucks blieben nicht von Washingtons Regulierungsbemühungen verschont. Um die vorgegebenen Verbräuche zu erreichen, gab es nur eines: Die Fahrzeuge mussten kleiner und leichter werden, ein Gedanke, bei dem richtige Amerikaner nervöse Zuckungen bekamen. Downsizing hieß das Zauberwort, und das Ergebnis waren die Ford-Trucks von 1980, hier repräsentiert durch den Goldesel der F-Series, den F-150 Styleside Long Box in Ranger-Ausstattung. Man sieht es ihm nicht an, aber mit seiner Gesamtlänge von 5291 mm war er tatsächlich 762 mm kürzer als sein Vorgänger von 1979, außerdem 508 mm schmaler und 508 mm flacher.

Auch Gewicht hatte man eingespart. Das gezeigte Modell wog leer in Basisausstattung 1569 kg statt 1636 kg wie im Vorjahr. Klingt nicht nach viel, aber beim Verbrauch zählt jedes Kilo. Ein weiterer Faktor waren die leicht abgerundeten Karosserieecken, die den Luftwiderstand nach Herstellerangabe um bis zu 13 Prozent gegenüber dem Vorgängermodell senkten. Eine wichtige technische Veränderung war die Einführung der Einzelradaufhängung für die Vorderräder auch bei den leichteren 4WD-Modellen. Ford nannte sie „Twin-Traction Beam", eine zweiteilige Pendelachse wie bei den Hecktrieblern, bloß mit integriertem Vorderradantrieb. Der F-150 hatte wie bisher Schraubenfedern an der Vorderachse, der F-250/350 behielt Blattfedern und Starrachse.

Der 4,0-Liter-Sechszylinder war Geschichte, der größere 4,9-Liter mit 120 PS wurde zum Standardmotor in nahezu allen Modellen, erfreute sich dabei aber unterschiedlich großer Beliebtheit. 73 Prozent der 133.590 im Modelljahr 1980 gebauten F-100 hatten den Sechszylinder, aber nur 22,3 Prozent der 71.089 F-250, und beim F-350 waren es gar nur 10 Prozent von 49.339. Der optionale 5,0-Liter-V8 mit 130 PS trieb die restlichen 27 Prozent der F-100 an; der 5,8-Liter-V8 und der 6,6-Liter-V8 waren nur in den übrigen Zuladungsklassen erhältlich. Der riesige 7,5-Liter-V8 verschwand von der Aufpreisliste, um 1983 wieder aufzutauchen.

Im selben Jahr stellte Ford erstmals einen Dieselmotor für seine Light Trucks vor. Der 6,9-Liter-V8 war ebenso wie der 7,5-Liter-Benziner auf die höheren Gewichtsklassen beschränkt. Interessant sind einige Käuferpräferenzen bei der Kraftübertragung: Serienausstattung war bei allen Modellen ein Dreigang-Schaltgetriebe, gegen Aufpreis gab es ein Viergang-Schalt- oder ein Dreigang-Automatikgetriebe. 43 Prozent aller F-100, 55,5 aller F-150 und 51 Prozent aller F-250 hatten die Automatik. Beim F-350 hingegen dominierte das Viergang-Schaltgetriebe, das 67,7 Prozent der Käufer favorisierten. In dieser Modellgeneration, die bis 1986 Bestand hatte, wurde die F-Series Amerikas meistverkauftes Fahrzeug, egal ob Pkw oder Lkw. Auch diesen Spitzenplatz hält sie bis heute.

Unaufhaltsamer Fortschritt

1987 war es Zeit für das Debüt einer grundlegend überarbeiteten neuen Modellgeneration von Ford-Trucks. Die Karosserie wurde aerodynamisch verbessert, vor allem um die Scheinwerfer herum, wie der abgebildete F-150 SuperCab zeigt. Elektronik spielte eine größere Rolle. Ford führte als erstes Unternehmen ABS für die Hinterräder ein, samt dem dazu gehörigen Sensorium. Elektronische Kraftstoffeinspritzung ersetzte bei allen Motoren (4,9-Liter-Sechszylin-

▼ Der F-350 wird in dieser Form noch bis 1997 weitergebaut, als der populäre F-150 schon den Wechsel in die nächste Generation vollzogen hat.

▲ Der 1987er Ford F-150 mit 5,0-Liter-V8 hat EEC-IV (Electronic Engine Control), ein computergesteuertes Motormanagement.

der, 5,0-Liter-, 5,8-Liter- und 7,5-Liter-V8) die üblichen Doppel- und Vierfachvergaser. Der Diesel, den Ford übrigens von International Harvester (später umbenannt in Navistar) übernahm, wuchs 1988 auf 7,3 Liter und wurde im Laufe der Jahre zum beliebtesten Triebwerk in den großen F-350. Der hier gezeigte F-150 in Super-Cab-Ausführung hatte einen Radstand von 3937 mm, war 5849 mm lang und hatte einen 144 Liter fassenden Kraftstofftank. Da wird man an der Tankstelle mit dem Namen begrüßt.

Das gleiche Modell, aber von 1994, macht das von Ford praktizierte Prinzip „Evolution statt Revolution" deutlich. Die Abstammung vom Vorgänger war klar zu erkennen, aber subtile Veränderungen an der Karosserie, wiederum vor allem rund um die Scheinwerfer und den Kühlergrill, schufen ein fließenderes, gefälligeres Erscheinungsbild. Diese Generation wurde von 1992 bis 1996 gebaut. Die Motorenauswahl blieb im Prinzip unverändert, aber bei den Getrieben hatte sich etwas getan. Die Automatik hatte bereits seit 1989 nicht mehr drei, sondern vier Vorwärtsgänge, wovon der vierte als Schongang ausgelegt war. Die Getriebesteuerung erfolgte – ein Zeichen der Zeit – elektronisch. Schaltgetriebefans konnten nun in fünf Vorwärtsgängen rühren. Ein anderes zeitgenössisches Exemplar war der 1995er F-350, hier als eher seltenes Regular Cab mit doppelter Hinterbereifung. Für einen Basispreis von 18.470 Dollar bekam der Käufer einen 5339 mm langen Truck auf 3378 mm Radstand. Auch im Innenraum, genauer gesagt auf den drei Vordersitzen, ging es recht komfortabel zu: 1026 mm Kopffreiheit, 1041 mm Beinfreiheit und 1630 mm Schulterfreiheit standen im Regular Cab zur Verfügung. Der Truck hatte ein Leergewicht von 2027 kg und war für ein Gesamtgewicht von knapp 5 Tonnen zugelassen.

▼ Der 1994er Ford F-150 SuperCab kommt in Styleside-Ausführung daher. Den Flareside mit freiliegenden Heckkotflügeln gab es von 1987 bis 1992 gar nicht.

Light und Super Duty

Irgendwann ist selbst die beste Idee ausgereizt, und es wird Zeit für etwas grundlegend Neues. Ford, dessen F-Pickups seit 1980 ein und dieselbe mehrfach modi-

▼ Außer mit zahlreichen weiteren Innovationen wartet der brandneue, aufwändig entwickelte 1997er Ford F-150 als Erster seiner Klasse mit Fahrer- und Beifahrerairbag auf.

▼ Ursprünglich ist das Harley-Davidson Package nur für den Ford F-150 erhältlich, hier ein 2001er Modell. Ab 2004 wird das Ausstattungspaket auch für F-250 und F-350 angeboten.

▼ Der 2001er F-150 SVT Lightning ist Fords zweiter Ausflug ins Land der Hochleistungstrucks. Der erste fand 1993 statt, um dem Chevrolet 454SS, einem ähnlichen Pickup mit der größten und stärksten Maschine im Angebot, Paroli zu bieten.

fizierte Plattform nutzten, brauchte dringend einen Nachfolger, der an den beispiellosen Erfolg seiner Vorgänger anknüpfte und zukunftstauglich war. Fünf Jahre Entwicklungszeit und Milliarden Dollar wurden investiert, 6,5 Millionen Testkilometer wurden gefahren, um zum Modelljahr 1997 eine Truck-Familie vorzustellen, die den überbeanspruchten Begriff „neu" wirklich verdiente. Das Resultat war der neue F-150, Fords Brot- und Butter-Truck.

Die äußerlichen Unterschiede waren offensichtlich: Eine stromlinienförmig gestaltete Karosserie mit mehr Glasfläche als zuvor. Aber auch unter dem Blech hatte sich viel getan: Die Karosserie ruhte auf einem neu entwickelten Kastenrahmen, die Vorderradaufhängung mit den aus dem Pkw-Bau üblichen Querlenkern ersetzte Fords Twin-Traction Beam-System, und neue Motoren gab es auch. Small- und Big Blocks aus den 1960er Jahren hatten endgültig ausgedient und wurden durch die sogenannte Triton-Familie ersetzt.

Ford sprach von modularen Motoren, die so konzipiert waren, dass man daraus V8- und V10-Einheiten machen konnte. Diese Familie von SOHC-Motoren, also mit einer obenliegenden Nockenwelle pro Zylinderkopf, bestand aus einem 4,6-Liter-V8 mit 210 PS und einem 5,4-Liter-V8 mit 235 PS, später ergänzt um einen 6,8-Liter-V10 für die höheren Gewichtsklassen. Am unteren Ende stand allerdings ab 1997 ein konventioneller 4,2-Liter-Stößelstangen-V6 mit 210 PS aus kanadischer Produktion.

Das Jahr 1997 stellte auch in anderer Hinsicht eine Zäsur dar. Bei Ford hatte man im Verlauf der Jahrzehnte einen Trend erkannt, der sich wie ein roter Faden auch durch dieses Buch zieht: Truck-Käufer sind praxisorientierte Nutzanwender einerseits und spaßorientierte Stadtbewohner andererseits, deren Bedürfnisse sich grundlegend unterscheiden. Um dieser Divergenz zu entsprechen, entwickelte Ford – wie seine Wettbewerber – die Trucks in zwei Richtungen weiter. Für die deutliche Mehrheit der städtischen Käufer gab es den F-150, der zwar äußerlich wie ein Truck daherkam, aber immer Pkw-mäßiger wurde mit mehr Fahr- und Ausstattungskomfort. Landwirte und Gewerbetreibende bekamen dagegen den F-250 und F-350, die Ford unter der Bezeichnung „Super Duty" vermarktete und getrennt weiterentwickelte. Sie wurden zunächst auf der alten Plattform weitergebaut und ab Modelljahr 1999 in modernisierter Form vorgestellt.

Lightning und Harley-Davidson – immer wieder bringt Ford spektakuläre Sondermodelle.

Bleiben wir zunächst beim F-150, der wegen seiner ständig wachsenden Popularität in immer neuen Sonderversionen angeboten wurde. Eine davon war der F-150 Harley-Davidson, hier ein Modell von 2001. Dieses Sondermodell, ein Marketing Venture mit dem berühmten Motorrad-Hersteller aus Milwaukee, Wisconsin, wurde erstmals 2000 vorgestellt und jedes Jahr in limitierter Auflage bis 2012 gebaut. Schwarze Lackierung, schwarze Ledersitze, Harley-Davidson-Embleme sowie 20-Zoll-Räder waren ab 2004 und 2005 nur für F-250 und F-350 Super Duty verfügbar und erst ab 2006 wieder für den F-150. Unter der Haube saß der 5,4-Liter-V8 mit (je nach Modelljahr) bis zu 450 PS.

Ein weiteres, spektakuläreres Beispiel für Sondermodelle war der F-150 SVT Lightning, hier ebenfalls ein 2001er Modell. Mit ihm verfolgte Ford das Ziel, den schnellsten Lkw der Welt zu bauen. Der Vollständigkeit halber sei hier erwähnt, dass ein erster Versuch in dieser Richtung bereits von 1993 bis 1995 unternommen worden war. Der hier gezeigte SVT Lightning war jedoch ein merklich wilderes Tier. SVT steht übrigens für „Special Vehicle Team", Fords werksinterne PS-Schmiede für alle Arten von außergewöhnlichen Fahrzeugen für Straße und Rennstrecke.

Anders als der F-150 Harley-Davidson wurde der von 1999 bis 2004 angebotene SVT Lightning nur als Regular Cab Flareside angeboten; beide Sondermodelle gab es nur mit Heckantrieb. Der Lightning arbeitete ebenfalls mit dem 5,4-Liter-V8, der dank Kompressors 380 PS ausspuckte und über eine Viergang-Automatik auf die Straße übertrug. Der tiefer gelegte Pickup hatte Bilstein-Stoßdämpfer und ein Sperrdifferenzial. Bei Fahrtests sprintete der F-150 von 0 auf 60 Meilen pro Stunde (entspricht 96 km/h) in 5,2 Sekunden und schaffte eine Höchstgeschwindigkeit von 236 km/h. Diese Leistung machte ihn tatsächlich zum schnellsten Truck der Welt und brachte ihn ins Guinness-Buch der Rekorde. Übrigens waren von 6381 im Jahr 2001 gebauten SVT Lightning 1722 rot.

Wie erwähnt beschritten die Super Duty-Modelle der F-Series von nun an einen anderen Weg, der angesichts der Vielzahl an Varianten gerade für Nutzanwender hier nur skizziert werden kann. Eine Vorstellung von dieser

Vielfalt gibt das Bild, das die wichtigsten Modelle der Super Duty-Reihe von 2005 zeigt. Alle drei Kabinenausführungen sind vertreten, Standard Cab, SuperCab und Crew Cab, und natürlich darf auch der DRW (Dual Rear Wheels = doppelte Hinterreifen) nicht fehlen. Nicht vertreten sind die Versionen F-450 und F-550, mit denen die Chassis & Cab-Modelle bezeichnet wurden, die Lieblinge der Nachrüster für Sonderaufbauten.
Super Duties gab es mit fünf verschiedenen Radständen von 3480 bis 4379 mm und Gesamtlängen von 5644 bis 6132 mm; Fahrzeuge mit Sonderaufbauten sind hier natürlich nicht eingeschlossen. Für die Motorisierung standen zwei Benziner und zwei Diesel zur Wahl: Der schon erwähnte 5,4-Liter-V8 mit bis zu 300 PS und ein 6,8-Liter-V10 mit bis zu 362 PS. Soweit die Ottomotoren. Die Selbstzünder wurden repräsentiert durch den schon von früher bekannten 7,3-Liter-V8-Turbodiesel mit zuletzt 275 PS, der 2004 ersetzt wurde durch einen 6,0-Liter-V8-Turbodiesel mit 325 PS. Dazu gab es zunächst ein 5-, ab 2003 ein 6-Gang-Schaltgetriebe oder eine 4- und ab 2003 eine 5-Gang-Automatik. Super Duty-Kunden hatten natürlich immer auch die Wahl zwischen Heck- und Allradantrieb, wobei sich die Mehrheit damals wie heute für den Heckantrieb entschied.

▼ Ford F-250 und F-350 werden ab 1998 als Super Duty vermarktet und nutzten die werkseigene P-Plattform, eine auf höhere Belastung ausgelegte Version der des leichteren F-150.

Geht nicht gibt's nicht

Dass Nutzanwender nicht zwangsläufig einen Super Duty brauchen, das bewies Ford 2007 mit dem F-150 XL Mid-Box. Wie der Name schon sagte, hatte dieses Modell eine abschließbare, von außen zugängliche Ladebox direkt hinter der Fahrerkabine. Man konnte also Werkzeuge verstauen, ohne sie umständlich über die Ladekante hinweg zu heben. Die Mid-Box konnte mit entsprechenden ausziehbaren Staufächern versehen werden und so jedem Kundenwunsch gerecht werden. Noch etwas war neu an dieser überarbeiteten Modellgeneration des F-150, die 2004 herauskam: Auch Regular Cabs hatten jetzt vier Türen. Wer genau hinsieht, erkennt die nach hinten öffnende Hilfstür zwischen Mid-Box und Beifahrertür. Die Zugänglichkeit des Bereiches hinter den Sitzen wurde dadurch verbessert.
Truck-Käufer gehören nicht unbedingt zu den Menschen, die sich einen Kopf machen wegen des Kraftstoffverbrauches, schon gar nicht in den USA mit den dort – im Vergleich zu Deutschland – immer noch spektakulär niedrigen Benzinpreisen. Trotzdem wollte Ford beweisen, dass ein Pickup nicht zwangsläufig ein „gas guzzler",

▲ Der 2007er Ford F-150 XL Mid-Box hat eine integrierte Ladekammer mit separatem Zugang von außen und zielt auf Gewerbetreibende, die eine Menge Werkzeug oder Ersatzteile mitführen. Trotz großen praktischen Nutzens ist dieses Modell kein Erfolg.

also ein Spritsäufer, sein muss. Das Beweisstück war der 2009 F-150 SFE Edition, wobei SFE für „Superior Fuel Economy" steht, was so viel wie „überlegene Kraftstoffwirtschaftlichkeit" bedeutet.

Dies sollte zum einen durch den Einsatz von leichtem, aber hochfestem Stahl in allen F-150 erreicht werden, wodurch 45 kg Gewicht eingespart wurden. Zum anderen wurde der zum SFE-Paket gehörige 4,6-Liter-V8 mit einer elektronischen Steuerung versehen, die den Kraftstofffluss unterbricht, sobald der Fahrer den Fuß vom Gaspedal nimmt. Hinzu kamen eine serienmäßige 6-Gang-Automatik und eine lange Differenzialübersetzung von 3,15:1 sowie die für 2009 neu gestaltete Karosserie mit einem Luftwiderstandskoeffizienten von 0,403, sechs Prozent besser als im Jahr zuvor. Damit sollte der SFE auf 15 Liter/100 km im Stadtverkehr und 11 Liter/100 km auf der Autobahn kommen. Ob diese Ziele tatsächlich erreicht wurden, ist fraglich, aber es ist unbestritten, dass moderne Trucks deutlich weniger Kraftstoff verbrauchen als ihre Ahnen in den 60er oder 70er Jahren – trotz höheren Gewichts und viel stärkerer Motoren. Moderne Technik macht's möglich.

Auch bei den Super Duty-Modellen standen die Räder nicht still. Zum Modelljahr 2008 kam die nächste Generation, hier vertreten von einem 2009er F-350 XLT Super Duty Crew Cab (blau) und einem F-250 XLT (rot) des gleichen Baujahres. Wichtigste Neuerung war ein 6,4-Liter-V8-Turbodiesel mit 350 PS, der den 6,0-Liter ersetzte. Wieder einmal griff Ford auf Navistar zurück, um einen Diesel in seinen Trucks anbieten zu können. Der neue zeichnete sich durch einen Partikelfilter aus. Bei den Benzinern änderte sich nichts. Ob Otto oder Diesel, die Super Duty-Trucks hatten auf jeden Fall genug Power, um ihren Job zu erledigen.

◄ Die 2009er Ford F-250 und F-350 Super Duty-Modelle in Crew Cab-Ausführung nehmen mit ihren 6,66 Metern Länge und 2,03 Metern Breite viel Platz auf der Straße ein.

▲ Zu den Neuerungen des 2009er F-Series gehört ein Kastenrahmen, der verwindungssteifer und zugleich leichter ist. Die Gewichtseinsparung soll die Wirtschaftlichkeit verbessern.

Mehr Beispiele gefällig? Da hätten wir zum einen zwei F-550 von 2010 im Kieswerk (Seite 80). Diese vom Werk als Chassis & Cab-Modelle ausgelieferten Trucks sind zum Kipplaster (vorn) und zum Werkstattwagen umgebaut, typische gewerbliche Anwendungen für Fords größte und schwerste Trucks, die ohne Sonderaufbauten 7,27 Meter lang sind und für ein Gesamtgewicht von gut 16 Tonnen zugelassen sind.
Der 2011er F-550 Super Duty XLT in Feuerwehrausführung (Seite 81) gehört bereits der nächsten Super Duty-Generation an, die in eben jenem Jahr auf den Markt kam und schon am Kühlergrill die äußeren Unterschiede zum Vorgänger deutlich macht. Dieser spezielle F-550 wird vom neuen Powerstroke-Turbodiesel angetrieben, den Ford nicht mehr bei Navistar bezog, sondern in Eigenregie entwickelt hatte. Der 6,7-Liter-V8 leistete 390 PS bei 997 Nm Drehmoment. Benziner gab es natürlich ebenso, nämlich den etablierten 6,8-Liter-V10 mit 367 PS, der nur noch in den Chassis & Cab-Modellen F-450 und F-550 angeboten wurde, sowie den auf 6,2 Liter Hubraum angewachsenen Triton-V8 mit 390 PS. In den Super Duty-Trucks dominierte aber schon seit längerem eindeutig der Diesel, was angesichts der traditionellen Skepsis der Amerikaner gegenüber Selbstzündern bemerkenswert ist.

▲ Chassis & Cab-Modelle wie diese beiden 2010er Ford F-550 lassen sich mit hunderten verschiedener Sonderaufbauten versehen, die von Dutzenden Firmen in den USA angeboten werden.

▲ Dieser 2011er Ford F-550 Super Duty XLT gehört bereits zur zwölften Modellgeneration der F-Series seit der Einführung im Jahr 1948. Mittlerweile sind es 14 Generationen.

Ein Wohnzimmer auf Rädern

Wie schon erwähnt, entwickelte Ford seit Beginn des 21. Jahrhunderts den F-150 bewusst zum Kleinlaster mit Pkw-Komfort weiter. Den Beweis liefert ein Blick in den Fahrgastraum des Bestellers, hier den eines viertürigen Crew Cab des Modelljahres 2010. Schnell mal zurückblättern für einen direkten Vergleich mit der Kabine des 1955er F-100: Der Kontrast könnte kaum größer sein.

Die einfache, geradezu spartanische Anmutung des Pickups aus den Fünfzigern wirkt wie aus einer anderen Welt, was in gewisser Weise auch stimmt. Damals stellte man sich die Automobile des 21. Jahrhunderts noch wie schnittige Düsenjäger vor, die ihre wie Raumfahrer gekleideten Insassen pfeilschnell durch futuristische Stadtlandschaften beförderten, etwa wie in der Zeichentrickserie „Die Jetsons". Dass in der Zukunft übergewichtige, mit Baseballkappen, Cargohosen und dicken Turnschuhen bekleidete Zeitgenossen als Trucks getarnte Pkw durch vollkommen identisch aussehende Gewerbegebiete in jeder beliebigen Stadt zu einem Fast-Food-Tempel steuern würden, um sich dort mit fetttriefenden Burgern vollzustopfen und dazu literweise quietschsüße Soft Drinks zu schlürfen, hätte die Phantasie unserer Vorfahren zweifellos überstiegen.

Bequemlichkeit steht an erster Stelle der Kundenbedürfnisse. Der F-150 trägt dieser Tatsache Rechnung. Wüsste man es nicht, könnte man nicht einmal erkennen, dass man den Innenraum eines Lasters betrachtet, so üppig, ja verschwenderisch luxuriös ist die Ausstattung. Ledersitze, natürlich elektrisch verstellbar, die breite Mittelkonsole mit großem Staufach, die unverzichtbaren Cupholder und die Bedienelemente für Heizung, Ventilation, serienmäßige Klimaautomatik und Infotainment-Center mit Navi, die Digitalanzeigen auf dem Instrumentenbrett und selbstverständlich die zahllosen elektrischen Helferlein für die Fensterheber, die Außenspiegel undsoweiterundsoweiter. Zugegeben, hier ist das Spitzenausstattungspaket „Platinum" zu sehen, aber selbst die marginal weniger opulenten XL-, XLT-, Lariat- oder King-Ranch-Versionen stellen das Ambiente früherer Trucks mit Leichtigkeit in den Schatten.

▲ Die Ledersitze in US-Fahrzeugen wie diesem 2010er Ford F-150 Crew Cab sind meist nur zum Teil mit echter Tierhaut bezogen, vor allem die Sitzflächen. Der Rest ist Kunstleder. Who cares?

▶ Die F-Series von Ford erzielen seit Jahren bei Crashtests der Regierung und der Versicherungswirtschaft Bestnoten, nachdem in früheren Jahrzehnten zu Recht heftige Kritik an der Unfallsicherheit von Pickups geübt worden war.

Safety first

Ein weiteres wichtiges Thema im Automobilbau ist die passive Sicherheit. Seit man in den 1950er Jahren bewusster wahrzunehmen begann, welch verheerende Auswirkungen ein Unfall auf die Insassen haben kann, arbeitet die Autoindustrie am Schutz ihrer Kundschaft. Noch bevor die US-Regierung zum Modelljahr 1967 den Herstellern verbindliche Sicherheitsstandards vorschrieb, wurde die Ford Motor Company auf dem Gebiet aktiv. Bereits 1956 waren erstmals Beckengurte in allen Ford-Pkw und -Lkw gegen geringen Aufpreis erhältlich. Die Resonanz war allerdings recht gering, ein Sicherheitsbewusstsein hatte sich in der Bevölkerung noch nicht durchgesetzt.
In der Folgezeit wurden US-Autos immer stärker und schneller, und die Unfallzahlen stiegen rapide. 3.613.732 Menschen sind zwischen 1899 und 2013 auf den Straßen Amerikas ums Leben gekommen. Unrühmlicher Spitzenreiter war das Jahr 1972, als 54.589 Menschen starben, mehr als je zuvor oder danach. Automobilhersteller in der ganzen Welt begriffen recht bald, dass Sicherheitsgurte, kollabierende Lenksäulen und gepolsterte Armaturenbretter nicht ausreichten, um Fahrzeuginsassen angemessen zu schützen. Die Konstruktion des Fahrzeuges an sich ist entscheidend, speziell die Fähigkeit der Karosserie, die bei einem Unfall freigesetzte kinetische Energie zu absorbieren, Stichwort „Knautschzone".
Es ist ein immer noch verbreiteter Irrglaube, ein Fahrzeug müsse möglichst schwer und massiv sein, um einen Unfall zu überstehen und die Insassen zu schützen. Diesen Irrglauben nährt das Ammenmärchen, dass Autos früher stabiler gewesen seien, weil dickere Bleche verbaut wurden oder es noch separate Chassisrahmen gab. Wer alt genug ist, um sich an solche Autos aus persönlicher Erfahrung zu erinnern und sie nach Unfällen in Augenschein genommen hat, freiwillig oder unfreiwillig, der weiß, wie unsinnig diese Vorstellung ist. Ein Fahrzeug, das kinetische Energie nicht absorbiert, leitet sie direkt in den Fahrgastraum weiter, zum Schaden der Insassen.
Das traf und trifft auf Kleinlaster nicht weniger zu als auf Pkw. Ab 1979 begann die staatliche National Highway Traffic Safety Association (NHTSA) mit systematischen Crashtests aller Neufahrzeuge, ab 1995 auch das private Insurance Institute for Highway Safety (IIHS). Hier wird gerade ein 2010er F-150 geschrottet. Sowohl in den NHTSA- als auch in den IIHS-Crashtests schnitt die F-Series des 21. Jahrhunderts erfolgreich ab und erhielt die Bestnote „Good", sowohl bei Frontal- als auch bei versetzten Zusammenstößen – keine Selbstverständlichkeit bei Pickups.

Jurassic Park lässt grüßen

Seit dem Erfolg der Filmreihe sind Dinosaurier ja so was von cool. Da bot es sich an, Fords neuem Hochleistungs-Pickup einen Namen mit hohem Wiedererkennungswert zu verpassen – Raptor eben. Hinter dem Power-Truck stand wieder einmal Fords Ideen- und PS-Schmiede SVT, das Special Vehicle Team, das auch für den oben erwähnten F-150 Lightning zu Beginn des Jahrhunderts verantwortlich zeichnete. Natürlich sind Fahrzeuge wie Lightning und Raptor keine massentauglichen Gefährte, mit denen Mr. und Mrs. Sixpack zum Baumarkt fahren, um ein paar Säcke Rindenmulch zu kaufen, sondern Flaggschiffe, mit denen der Hersteller demonstriert, was seine Produkte alles können, wenn man die Entwickler von der Leine lässt.

Der F-150 Raptor kam zum Modelljahr 2010 heraus und war, anders als der Lightning, kein Truck für den Dragstrip, sondern als Offroader ausgelegt, der in dazu passender Kulisse ansprechend in Szene gesetzt wurde. Der 2012er, hier in den Farben „Molten Orange" und „Blue Flame" zu sehen, war ausschließlich mit Fords 6,2-Liter-V8 mit 411 PS sowie 6-Gang-Automatik zu haben. Als dezidierten Offroader gab es ihn nur mit Allrad, 5-cm-Höherlegung, verstellbaren Stoßdämpfern und 35-Zoll-Geländereifen von Goodrich sowie eigenständigem Frontdesign. Kotflügel und Motorhaube waren aus Kunststoff zwecks Gewichtseinsparung. Wie es bei modernen Fahrzeugen üblich ist, wurden Motor und Antriebsstrang des F-150 Raptor computergesteuert. Im Fahrmodus „Off-Road" lassen sich Gouvernantensysteme wie ABS und ESP abschalten, das Ansprechverhalten des Gaspedals und die Schaltpunkte des Getriebes passen sich an den Geländebetrieb an. Der Raptor erwies sich als so erfolgreich, dass er – mit den üblichen modellpflegerischen Maßnahmen – bis heute im Programm ist.

▼ Der Ford F-150 SVT Raptor wird von 2010 bis 2014 gebaut, hier zwei 2012er Modelle. 2017 kommt er erneut ins Programm, diesmal mit einer Karosserie aus Aluminium.

Vergegenwärtigung

Damit sind wir in der Jetztzeit, verkörpert durch den 2019er F-150 Limited, der nach wie vor meistverkauftes Modell der meistverkauften Fahrzeugreihe der USA ist. Vielfalt bleibt wesentlicher Teil des anhaltenden Erfolges der F-Series, und der F-150 ist vielfältiger denn je. Sechs Motoren stehen zur Wahl: 2,7-Liter-V6-Benziner mit Doppelturbo und 325 PS, 3,0-Liter-V6-Turbodiesel mit 250 PS; 3,3-Liter-V6-Benziner mit 290 PS; 3,5-Liter-V6-Benziner mit Doppelturbo und 375 PS oder die Hochleistungsversion mit 450 PS und schließlich ein 5,0-Liter-V8 mit 395 PS. Handschaltung ist passé, Automatikgetriebe haben sechs oder zehn Gänge.

Es gibt drei Kabinenausführungen – Regular Cab (dreisitzig, zweitürig), SuperCab (sechssitzig, zweitürig mit zwei hinteren Selbstmördertüren) und SuperCrew (sechssitzig, viertürig) – und drei Ladeflächenlangen – 1,68, 1,98 und 2,44 Meter. Der kleinste F-150, ein Regular Cab mit 1,98er Ladefläche ist 5316 mm lang, 2459 mm breit (mit Standardspiegeln), der größte Pickup, ein SuperCab mit 2,44er Ladefläche, ist 6363 mm lang bei identischer Breite. Der abgebildete F-150, ein SuperCrew mit der kürzesten Ladefläche, misst 5890 mm in der Länge. Er ist für eine Zuladung von 1,3 Tonnen zugelassen. Die Karosserie besteht wie die aller F-150 aus Aluminium, der Rahmen aus hochfestem Stahl. Der hier zu sehende Pickup hat die Top-Ausstattung namens Limited. Darunter stehen XL, XLT, Lariat, King Ranch und Platinum. Ein offizieller Export nach Deutschland erfolgt nicht, aber wer den F-150 Limited in den USA kaufen möchte, sollte mindestens 67.135 Dollar übrig haben.

Wer im Sommer 2019 ohnehin schon beim Ford-Händler in Trumpistan ist, kann auch gleich den neuen Super Duty des 2020er-Jahrgangs haben. Sehr spektakulär ist der F-250 Super Duty mit Tremor Off-Road Package, der hier bei einer kleinen Ausfahrt im Gelände zu sehen ist. Übrigens steht „Tremor" hier für „Erdstoß" und hat nichts mit dem medizinischen Begriff fürs krankhafte Zittern zu tun. Mit seinen serienmäßigen 35-Zoll-Reifen kommt der Super Duty praktisch überall durch, selbst Bäche können ihm dank der Wattiefe von 84 cm wenig anhaben. Viele Ausstattungsdetails übernimmt er vom schon erwähnten Raptor, etwa die unterschiedlichen Fahrmodi. Ein Alleinstellungsmerkmal des Tremor-Paketes ist ein Kriechmodus für die 10-Gang-Automatik, wenn die Geländeuntersetzung eingeschaltet ist.

Den 2020er Super Duty gibt es mit dem bekannten 6,7-Liter-V8-Turbodiesel, dem bewährten 6,2-Liter-V8-Benziner oder einem neuen 7,3-Liter-V8-Benziner. Das Tremor-Paket lässt sich für den F-250 Super Crew mit der kurzen Ladefläche ordern. Kurz ist natürlich relativ, denn die Ladefläche hat eine Länge von 2,08 und eine Breite von 1,70 Metern. Selbst zwischen den Radkästen beträgt die Breite immer noch 1,28 Meter. Die maximale Zuladung beläuft sich auf 1,9 Tonnen, die maximale Zuglast auf 7,9. Wer also sein neues Boot zur Küste trailern und sich dabei in klimatisierter Umgebung genüsslich einen Super Slurpee (ein freundliches Wort für Eimer) voller Root Beer (wie flüssiges Lakritz, schauderhafter Geschmack) in die Kehle schütten möchte, der ist mit dem neuen Super Duty bestens bedient.

▼ Der 2019er Ford F-150 ist das beliebteste Modell in Amerikas meistverkaufter Serie. 2018 werden 909.330 in den USA und 145.694 in Kanada verkauft.

▼ Im Sommer 2019 kommt der 2020er Ford F-250 auf den Markt. In der Spitzenausführung Limited kostet er 80.440 Dollar.

Der Ranger: Vom Japan-Konkurrenten zum Global Player

Was für Chevrolet der Colorado, ist für Ford der Ranger – ein Pickup vor allem für junge Leute, denen ein F-150 zu groß und zu teuer ist. Wie General Motors und Chrysler hatte auch die Ford Motor Company zunächst einmal wenig Erfahrung mit kompakten Trucks und wurde wie die Konkurrenz vom Erfolg der japanischen Mini-Pickups bei jungen, hippen Kaliforniern in den späten 1960er Jahren kalt erwischt. Gemäß der alten Weisheit „if you can't beat them, join them", was so viel bedeutet wie „wenn Du Deinen Gegner nicht besiegen kannst, verbünde Dich mit ihm", bediente sich Ford bei seinem japanischen Partner Mazda und verkaufte dessen B-Pickup von 1972 an zehn Jahre lang als Ford Courier in den USA.

Zum Modelljahr 1983 debütierte dann der Ranger, eine Eigenentwicklung von Ford USA. Der Name besaß hohen Wiedererkennungswert, schließlich hatte Ford ihn früher für eine Ausstattungsvariante des F-100 verwendet. Dank cleveren Designs sah der kompakte Ranger immer aus wie der kleine Bruder der F-Series. Ein Beispiel dafür bietet der 1997er Ranger Splash, ein tiefer gelegtes Sondermodell, hier in der Farbe „Canary Yellow". Er gehört der zweiten Generation des US-Ranger an, die von 1993 bis 97 gebaut wurde.

▼ Der 1997er Ford Ranger Splash wird ausschließlich in Flareside-Ausführung angeboten, also nicht mit den glatten Karosserieflanken des Styleside. Mit seinem 3,0-Liter-V6 soll er laut Werksangabe 10 bis 14 Liter auf 100 km verbrauchen.

Dieses SuperCab ist ein Sechssitzer mit verlängerter Fahrgastzelle. Das gab es ergänzend zum traditionellen dreisitzigen Regular Cab bereits 1986 als Teil der Modellpflege der ersten Ranger-Generation. Bei einem Radstand von 3175 mm war der Ranger SuperCab übersichtliche 4894 mm lang und 1699 mm breit. Ausgelegt für ein zulässiges Gesamtgewicht von 2288 kg, wurde er serienmäßig von einem 3,0-Liter-V6 mit 145 PS angetrieben, gekoppelt mit einem 5-Gang-Schaltgetriebe von Mitsubishi. Gegen Aufpreis gab es einen 4,0-Liter-V6 mit 160 PS, gebaut bei Ford in Köln, und damit verbunden eine 4-Gang-Getriebeautomatik. Der

Ranger wurde in den USA 1998 in die nächste Generation überführt und bis 2012 auf dem nordamerikanischen Markt angeboten.
In Übersee, also in Asien, Europa und Australien gebaute und verkaufte Ford Ranger basierten zumeist auf dem Mazda BT-50 Pickup und blieben bis in die Gegenwart ständig im Programm. Bei der Entwicklung der heutigen Generation des werksintern Ranger T6 genannten Fahrzeuges spielte Ford of Australia die zentrale Rolle. Für diese Modellgeneration steht exemplarisch der hier abgebildete 2019er Ranger. Der T6 ist ein echter „global player", denn er wird anders als zuvor weltweit in beinahe identischer Ausführung produziert und vermarktet.
In Europa, also auch in Deutschland, ist er seit 2015 der meistverkaufte Pickup überhaupt und wird zum Modelljahr 2019 erstmalig seit 2012 auch wieder in den USA gebaut und angeboten. Der Ranger ist in SuperCab- und wie hier in Super Crew-Ausführung zu haben. Der nunmehr in die mittelgroße Pickup-Klasse hineingewachsene Truck ist heute 5354 mm lang und 2179 mm breit (mit Außenspiegel) bei einem Radstand von 3220 mm. Er darf bis zu 845 kg Zuladung transportieren und 3,4 Tonnen Anhängelast ziehen. Wer glaubt, für solche Arbeiten sei ein V8 oder zumindest ein V6 erforderlich, wird erstaunt feststellen, dass der Ranger von einem turbogeladenen 2,3-Liter-Vierzylinder mit doppelter obenliegender Nockenwelle angetrieben wird. 270 PS und 420 Nm Drehmoment leistet der Aluminium-Motor. Für die Kraftübertragung sorgt die neue 10-Gang-Automatik von Ford. Wie die Vorläufer hat der Ranger serienmäßig Heckantrieb, kann aber mit Allrad versehen werden. In Nordamerika wird er, wie die meisten Pickups, mehrheitlich in 2WD-Version verkauft, in Europa hingegen dominieren die Allradler – wenn Hecktriebler überhaupt angeboten werden.

▼ Der 2019er Ford Ranger T6 wird weltweit in nahezu identischer Form und Ausstattung angeboten. 50.900 Stück werden 2018 in Europa und 30.301 in der ersten Hälfte von 2019 in den USA verkauft.

Der ewige Zweite

Es muss die Ford-Manager maßlos gewurmt haben, dass Chevrolets El Camino stets der erfolgreichere Pkw-basierte Pickup war, denn die Idee stammt eigentlich von Ford, zumindest im nordamerikanischen Kontext. 1957 kam der Ranchero heraus, im Prinzip ein zweitüriger Ford-Kombi ohne Dach über der Ladefläche wie beim 1958er Modell. Bis 1959 blieb der elegante Pickup, der mit allen Motor-, Getriebe- und sonstigen Extras wie Fords Custom-, Fairlane- oder Galaxie-Pkw ausgestattet werden konnte, ein Teil dieser Plattform.
Mit dem Jahr 1960 jedoch wanderte er zu Fords brandneuer Baureihe ab, dem Falcon. Der wurde ins Leben gerufen, um den immer beliebteren Importfahrzeugen aus Europa Konkurrenz zu machen. Die waren nun einmal deutlich kleiner und leichter als die typischen amerikanischen Dickschiffe. Der 1960er Falcon Ranchero war mit 4,80 Metern Länge deutlich kürzer als sein 1959er Vorgänger mit 5,28 Metern. Er begnügte sich außerdem mit einem 2,3-Liter-Reihensechszylinder, einer kompletten Neukonstruktion, die speziell für den kompakten neuen Ford entwickelt worden war. 90 SAE-PS, übertragen von einem Dreigang-Schaltgetriebe, mussten genügen.
Außer dem zweistufigen Fordomatic-Automatikgetriebe gab es nur wenige aufpreispflichtige Extras. Der Logik der US-Kundschaft folgend, wurde der als bescheidener, kostengünstiger Einsteigerwagen ausgelegte Falcon – und damit auch der Ranchero – im Laufe der nächsten Jahre mit einer immer üppigeren Aufpreisliste versehen, auf der sich bereits 1963 Fords neuer Small-Block-V8 fand sowie zwei größere und stärkere Versionen des Sechszylinders. Da war es nur folgerichtig, dass der Ranchero 1966 die Plattform wechselte und Teil von Fords mittelgroßer Pkw-Baureihe namens Fairlane wurde.
So legte er an Größe und Gewicht deutlich zu: Der Radstand betrug nun 2870 statt 2781 mm, die Länge war von zuletzt 4826 auf 5016 mm und das Leergewicht von 1232 auf 1337 kg angewachsen. Die US-Autozeitschrift Zeitschrift *Car Life* testete im Februar 1966 einen Ranchero mit 4,7-Liter-V8, 225 SAE-PS und Dreigangautomatik. Der mit diversen Komfortextras ausgestattete Pickup spurtete in 10,3 Sekunden von 0 auf 60 Meilen pro Stunde (96 km/h) und schaffte eine Höchstgeschwindigkeit von 153 km/h.
Die Tester fanden das eher bescheiden und führten

▼ Der 1972er Ford Ranchero hat serienmäßig einen 4,1-Liter-Reihensechszylinder mit 98 DIN-PS, die Variante Ranchero GT kommt mit einem 7,0-Liter-V8 mit 212 DIN-PS.)

▲ Der 1958er Ford Ranchero unterscheidet sich nur in der Gestaltung der Karosseriefront vom 57er Modell, das noch keine Doppelscheinwerfer hatte.

es auf die Gegenwart eines von Ford so genannten „Thermactor" zurück. Diese Abgasreinigung tauchte in jenem Jahr in allen Neufahrzeugen auf, die in Kalifornien verkauft wurden, um die frisch eingeführten Umweltschutzvorschriften einzuhalten. Der Thermactor, auch Air Injection Reactor genannt, bläst mit Hilfe einer kleinen, vom Motor angetriebenen Pumpe Frischluft in den respektive die Auspuffkrümmer, um eine Nachverbrennung der im Abgas enthaltenen unverbrannten Kraftstoffreste zu bewirken. Frühe Abgasreinigungstechnik hatte oft nachteilige Auswirkungen auf die Leistung, das Laufverhalten und sogar die Wirtschaftlichkeit von Benzinmotoren.

Der Ranchero blieb von 1966 bis zur Einstellung der Produktion 1979 auf der mittelgroßen Ford-Plattform und machte alle Generationswechsel und Modellpflegen mit. Da diese Vielzahl an Modellen hier unmöglich vorgestellt werden kann, soll ein Blick auf den 1972er Ranchero genügen. Der war insofern bedeutend, als er zum ersten Mal seit 1959 wieder einen traditionellem Kastenrahmen hatte. Von 1960 bis 1971 bauten Fords Pkw-Pickups auf Plattformen mit selbsttragender Karosserie auf. Ab 1972 mussten außerdem alle Ford-Motoren auf Normalbenzin laufen können, daher wurde die Verdichtung auf maximal 8,5:1 verringert. Niedrigere Kompression bedeutete auch weniger PS. 1971 hatte das Spitzenaggregat, ein 7,0-Liter-V8, noch 370 SAE-PS, ein Jahr darauf waren es nur noch 212 DIN-PS. Serienmäßig trieb den 5,36 Meter langen Ranchero ein 4,1-Liter-Reihensechszylinder mit 98 DIN-PS an, der aber kaum noch geordert wurde.

Bis 1977 wuchs der Ford noch auf 5,59 Meter Länge, der stärkste Motor leistete aber nur noch 168 DIN-PS. Die Zeit der Musclecars war eindeutig vorbei.

▲ Im Jahr 1966 werden 21.718 Ford Rancheros gebaut. Davon haben gerade einmal 1242 Exemplare Einzelsitze und eine Mittelkonsole statt der üblichen ungeteilten Sitzbank.

Wer hat's erfunden?

Der Ranchero war zwar eine interessante Idee, aber keine genuin US-amerikanische. Die Wahrheit ist: Die Australier haben den Pkw-Pickup erfunden und das schon in den 1930er Jahren. Der Legende nach schrieb die Ehefrau eines Farmers im Bundesstaat Victoria im Jahre 1933 an die australische Niederlassung der Ford Motor Company, dass sie und ihr Göttergatte einen Wagen brauchen könnten, der vorzeigbar genug war, um damit sonntags zur Kirche zu fahren, montags aber für den Schweinetransport zum Markt taugte. Die Familie habe aber nicht genug Geld für eine Limousine plus einen Laster.

Bei Ford nahm man sich den Kundenwunsch zu Herzen und beauftragte einen 23 Jahre alten Fahrzeugentwickler namens Lewis Bandt mit der Lösung des Problems. Seine Idee: Man nehme ein gewöhnliches dreisitziges Ford-Coupé, das ohnehin in der Produktion ist und versehe den Teil hinter dem Fahrgastraum mit einer offenen Ladefläche. Im Oktober 1933 war die Entwicklungsarbeit abgeschlossen, und schon im Februar 1934 wurde der Coupé-Pickup auf der Brisbane Motor Show der Öffentlichkeit vorgestellt und auf den Markt gebracht. Das neue Vehikel, das die Australier bald als „Ute" (das spricht sich „Juht"), die Kurzform von Utility, also Nutzanwendung, bezeichneten, setzte sich auf dem fünften Kontinent durch. Der lokale Rivale Holden brachte sein Coupe Utility heraus und machte dem Ute starke Konkurrenz. Erst in den späten 1950er Jahren zogen die US-Amerikaner mit Ranchero und El Camino nach.

Der Wagen, der den Australiern bis heute näher am Herzen liegt als jeder andere, war der Falcon. In den USA war es ein Kompakt-Pkw, der von 1960 bis 1970 mit stetig nachlassender Begeisterung gekauft und dann eingestellt wurde. In Australien hingegen wurde der Falcon kontinuierlich weiterentwickelt und zu einer nationalen Ikone, Stichwort „Mad Max". Der Falcon Ute war stets ein Bestandteil der australischen Falcon-Plattform. Im Februar 1961 begann die lokale Produktion des Falcon Ute und sollte sich über 55 Jahre erstrecken. Sieben Genera-

tionen des Falcon und damit des Ute wurden in den Werken Eagle Farm und Broadmeadows in Victoria gebaut. Vorstellen lassen sich hier aus Platzgründen nur zwei Modelle. Der 1965er Falcon Ute repräsentiert die erste Generation. 4,85 Meter lang und 1,78 Meter breit war er, was in den USA als handlich galt, aber im Rest der Welt unter der Bezeichnung Full-Size lief. Obgleich die Verwandtschaft zum US-Falcon klar erkennbar war, hatte die Down-Under-Version ein individuelles Karosseriedesign, das zwar auf dem allerersten US-Modell aufbaute, aber originär australisch war.

Bei einem so kleinen Markt wie Australien, das 1965 gerade einmal 11,4 Millionen Einwohner auf einer Fläche von 7,7 Millionen Quadratkilometern hatte, war es für lokale Autohersteller wie Ford oder GM betriebswirtschaftlich nicht vertretbar, die jährlichen Facelifts der US-Modelle mitzumachen. Es wurde daher oft an älteren Designs festgehalten, oder eigene Designs wurden herausgebracht und unabhängig weiterentwickelt. Der australische Falcon unterschied sich auch in anderer Hinsicht vom US-Vorbild. So waren die Fahrwerke üblicherweise härter und belastbarer, was mit den schlechteren Straßen vor allem im Outback zu tun hatte, wo gerade der Ute vorwiegend bewegt wurde.

Die Antriebseinheiten waren die auch in den USA gebräuchlichen Versionen des Falcon-Sechszylinders mit 2,4, 2,8 oder 3,3 Litern Hubraum. Die Motorleistung aller australischen Motoren war normalerweise etwas niedriger als die ihrer US-Gegenstücke, weil zu jener Zeit hochoktaniges Bleibenzin außerhalb Nordamerikas kaum oder gar nicht angeboten wurde. Das hinderte Ford nicht daran, den Aussie-Falcon ab 1966 auch mit dem werkseigenen Small Block-V8 anzubieten, wovon auch der Ute profitierte.

Das Bild auf der linken Seite zeigt den letzten Ford Falcon Ute von 2016 sowohl in klassischer Pickupversion mit integrierter Ladefläche als auch in Chassis & Cab-Ausführung mit aufgesetzter kippbarer Ladefläche. Der Ute wurde seit Modelljahr 2014 nicht mehr mit dem in der Falcon-Limousine weiterhin verfügbaren 5,0-Liter-V8 angeboten, sondern grundsätzlich mit einem 4,0-Liter-Reihensechszylinder mit und ohne Turbolader (261 und 360 PS), verbunden mit einem serienmäßigen 6-Gang-Schaltgetriebe oder einem Automatikgetriebe, ebenfalls mit sechs Gängen. Mit 4,94 Metern Länge und 1,87 Meter Breite bewegte er sich nach wie vor in der gleichen Größenklasse wie sein Vorgänger von 1965.

Der Falcon, der übrigens auch in Argentinien jahrzehntelang gebaut wurde, war zweifellos Fords erstes echtes „world car", US-amerikanisch im Ursprung, aber mit geringem Aufwand an die Bedingungen in andere Ländern anpassbar und daher weltweit verkäuflich. Trotz seines langjährigen Erfolges in Australien wurde die örtliche Falcon-Produktion eingestellt. Am 29. Juli 2016 lief der letzte von insgesamt 467.690 Utes in Broadmeadows vom Band und im Oktober 2016 der letzte australische Ford überhaupt.

Die Australier bevorzugen bereits seit längerem Pickups wie den Toyota Hilux, der in Thailand zu einem Fünftel der australischen Arbeitskosten hergestellt wird. Das gleiche Schicksal traf auch andere lokale Hersteller wie Holden, GMs australische Dependance, die im gleichen Jahr die Produktion vor Ort einstellte. Die einst kleine, aber stolze australische Automobilindustrie beschränkt sich seither auf Forschung und Entwicklung, produziert aber keine Fahrzeuge mehr.

► Um den australischen 1965er Ford Falcon zu bewerben, lässt man eine Flotte von ihnen 110.000 Kilometer ununterbrochen bei Geschwindigkeiten von mehr als 110 km/h auf dem örtlichen Testgelände fahren.

◄ 2016, im letzten Jahr des Ford Falcon Ute, werden 2170 Stück verkauft. Der Spitzenwert wurde 2003 erreicht mit 20.212 Einheiten.

GMC

Chevrolets Schatten

GMC, ein Akronym für „General Motors Company", entstand durch den Zusammenschluss zweier Fahrzeughersteller aus der Pionier- und Konsolidierungsphase der US-Automobilindustrie. Diese beiden waren die Rapid Motor Vehicle Company, die 1902 in Pontiac, Michigan, gegründet worden war und die obskure Reliance Motor Car Company. Beide Unternehmen gerieten 1908 respektive 1909 unter die Kontrolle der General Motors Corporation von William C. Durant, der sie 1911 in einer gemeinsamen Firma zusammenführte, die ab 1912 als General Motors Company am Markt auftrat.

Sein Hauptquartier behielt das Unternehmen in Pontiac. Kurzer allgemeinbildender Exkurs: Pontiac war der Name eines Häuptlings der Odawa-Indianer, die rund um die Großen Seen lebten und sich unter Pontiacs Führung 1763-66 gegen die britischen Kolonialherren auflehnten – ohne Erfolg, wie man sagen muss. Chief Pontiac wurde 1769 ermordet, vermutlich im Auftrag der Briten, aber sein Aufbegehren gegen sie sorgte zumindest dafür, dass sein Name in der US-Automobilindustrie weiterlebte, denn ab 1928 erhielt eine der Automarken des General Motors Corporation den Namen Pontiac.

GMC bot zunächst ausschließlich „rolling chassis" an, der Kunde erhielt also lediglich einen Chassisrahmen mit komplettem Fahrwerk sowie Motor und Getriebe. Die maßgeschneiderten Aufbauten kaufte er bei spezialisierten Karossiers, eine übliche Praxis in der Frühzeit des Automobils, sowohl bei Nutzfahrzeugen als auch bei Luxusanbietern wie Rolls-Royce, Cadillac oder Duesenberg.

Was die Motorisierung anging, so hatten GMC-Kunden in den Anfangsjahren des Unternehmens die Wahl zwischen Benzin- und Elektromotoren. Ja, Sie haben richtig gelesen: Elektromotoren. In der Sturm- und Drangphase des Automobils gegen Ende des 19. und

► Im Kalenderjahr 1936, in dem GMC den T-14-Halbtonner einführt, werden insgesamt 26.980 Trucks der Marke in den USA neu zugelassen.

▼ Neben dem Model 15 mit Verbrennungsmotor bietet GMC 1915 auch noch sieben Modelle mit Elektromotoren an. Die Kraftübertragung auf die Räder läuft über eine Kette.

Anfang des 20. Jahrhunderts war noch keineswegs entschieden, welche Art von Motor der Antrieb der Zukunft sein würde. Der Ottomotor konkurrierte mit dem Elektromotor und sogar mit der Dampfmaschine. Dass sich am Ende der Viertakter durchsetzte, lag an seinem hohen Leistungspotential und den Geschäftsinteressen der boomenden und einflussreichen Erdölindustrie. Der Elektromotor dagegen litt damals wie heute am gleichen Problem, der Reichweite. 1915 war das letzte Jahr, in dem GMC noch elektrisch angetriebene Modelle anbot.

Im selben Jahr kam auch der Model 15 Flatbed (offene Ladefläche) mit Benzinmotor heraus. Als Model 15 bezeichnete GMC seine Light-Duty-Trucks in der Zuladungsklasse bis zu einer Dreivierteltonne. Die Ein-

tonner trugen die Bezeichnung Model 21. Das Unternehmen bot auch Modelle in den Klassen 1,5 bis 5 Tonnen an, die hier nicht behandelt werden. Vor 1920 baute GMC keine eigenen Verbrennungsmotoren und war auf Zulieferer angewiesen, in diesem Fall auf den unabhängigen Motorenhersteller Continental.
Die Continental Motors Company wurde 1905 gegründet und belieferte im Laufe ihrer bis heute andauernden Geschichte eine Vielzahl von Unternehmen mit ihren Produkten. GMC bezog von dort einen seitengesteuerten Vierzylinder in verschiedenen Hubraumgrößen. Das Model 15 erlangte nationale Berühmtheit durch den Einsatz im Ersten Weltkrieg. Mehr als 5000 Stück wurden mit entsprechenden Aufbauten als Ambulanzfahrzeuge an der Front eingesetzt.
Nach dem Krieg bildeten sie die Basis des GMC-Truck-Angebotes, das ab 1918 von Konzernschwester Chevrolet mit eigenen Lastern ergänzt wurde. Ab 1920 verwendeten GMC und Chevrolet-Pickups sogar die gleichen technischen Plattformen. Das Nebeneinander der beiden Truck-Hersteller unter dem Dach der General Motors Corporation besteht bis heute. Obwohl das Modellangebot seit Jahrzehnten nahezu identisch ist und sich GMC-Trucks von ihren Chevrolet-Gegenstücken nur kosmetisch unterscheiden, haben beide Marken ihre loyalen Anhänger und machen gemeinsam dem mächtigen Gegner Ford Konkurrenz.
Ein Zeitsprung in das Jahr 1936, als der Halbtonner der Serie T-14 gebaut wurde: Viel war seit dem Ersten Weltkrieg geschehen bei GMC. Trotz der offenkun-

dig engen Verwandtschaft mit Chevrolet unterschieden sich die Trucks in einer entscheidenden Hinsicht, der Motorisierung. Nach der Trennung vom Zulieferer Continental suchte sich GMC andere Motorlieferanten, diesmal innerhalb des GM-Konzerns, zunächst bei Pontiac, später auch bei Buick.
Im Falle des T-14, der 1936 als neuer Truck in der leichtesten Zuladungsklasse eingeführt wurde, lieferte Konzernschwester Oldsmobile den Motor, einen seitengesteuerten Reihensechszylinder mit 3,5 Litern Hubraum und 85 SAE-PS. Im Falle des hier abgebildeten Pickups kam eine Extra-Pferdestärke dazu. Der Radstand des T-14 maß 3200 mm. Der größere T-16 mit längerem Radstand und einer Dreivierteltonne Zuladung wurde ebenfalls vom Oldsmobile-Motor angetrieben.
Da schon so viel über GMCs Motoren gesprochen wurde, wollen wir uns einen mal etwas näher anschauen. Der hier abgebildete Kraftlieferant steckt in einem GMC Truck, Baujahr 1942. Es handelt sich um einen OHV-Sechszylinder mit 3,7 Litern Hubraum und 93 SAE-PS. Die GMC-Eigenentwicklung basierte auf einem ursprünglich von der Konzernschwester Buick übernommenen Design, denn anders als die GM-Divisionen Pontiac, Oldsmobile und Cadillac mit ihren seitengesteuerten „flatheads" setzten Buick und Schwester Chevrolet auf hängende Ventile, die sich nach dem Zweiten Weltkrieg allgemein durchsetzten.
Buick überließ 1929 seine Sechszylinder der GMC Truck Division und baute von da an nur noch Reihenachtzylinder, während GMC die Sechszylinder stetig weiterentwickelte und in all seinen Trucks bis in die 1960er Jahre anbot. In diesem Buch, das sich auf Kleinlaster konzentriert, bleiben die Riesenversionen des Buick-GMC-Sechszylinders mit bis zu 7,8 Litern Hubraum für Schwerlaster außen vor.

Erst 1947 gibt es die ersten Neuen nach dem Krieg. Das „Advance-Design" birgt aber alte Technik.

Während des Zweiten Weltkrieges baute GMC wie alle anderen US-Hersteller auch für das Militär Hunderttausende von Trucks und andere Einsatzfahrzeuge. Erst zum Modelljahr 1947/48 kamen die ersten neuen Modelle heraus wie der FC-101 Halbtonner, der mit knapp fünf Metern Länge kleinste und mit 1,5 Tonnen Leergewicht leichteste Pickup von GMC. Unter dem fortschrittlichen „Advance-Design"-Styling, das auch die parallel angebotenen Chevrolet-Pickups zierte, steckte allerdings Vorkriegstechnik, allem voran der bekannte Sechszylinder. Die neuen Trucks kamen beim Publikum

▼ 1942 ist auch für GMC das letzte Jahr, in dem Light-Duty-Pickups für den zivilen Markt produziert werden dürfen. Sie alle werden von 3,7-Liter-Sechszylindern mit 93 PS angetrieben.

▼ Neben diesem kurzen FC-101 Pickup bietet GMC 1948 Modelle mit Radständen von 3181 und 3480 mm in den Dreiviertel- und Eintonner-Klassen an.

▼ Wer 1957 einen solchen GMC Series 100 Pickup mit dem V8 ausstatten will, muss 136 Dollar zusätzlich zum Basispreis von 1846 Dollar berappen.

gut an: 92.677 GMC-Trucks wurden im Modelljahr 1948 gebaut, ein neuer Produktionsrekord in Friedenszeiten. Tempus fugit, wie der Lateiner sagt, die Zeit flieht. Schon ist es 1957 und die nächste Truck-Generation geht bereits in ihr drittes Jahr. Genau wie ihre Chevy-Brüder (oder Schwestern) waren GMC-Trucks 1955 komplett neu gestaltet worden und trugen seither stolz ihr modernes Fifties-Design zur Schau; nur die Kühlergesichter unterschieden sich. Unter dem Blech sah die Sache schon anders aus, denn GMC nahm völlig andere Motoren als Chevy. Basismotorisierung blieb der GMC-Buick-Sechszylinder, der 1954 auf 4,1 und 1956 auf 4,4 Liter Hubraum vergrößert worden war und mittlerweile 130 SAE-PS leistete. Auf dem Vorderkotflügel des Trucks, der hier im Monument Valley fotografiert wurde, ist bei genauem Hinsehen ein V8-Logo zu sehen. Da GMC selbst keinen V8 anbot, bediente man sich ab 1955 bei Pontiac, wo im gleichen Jahr der traditionelle seitengesteuerte Reihenachtzylinder aus der Vorkriegszeit erstmals und endgültig durch einen modernen OHV-V8 ersetzt wurde.

Es handelte sich um eine Eigenkonstruktion und nicht um einen Ableger des Chevrolet Small Blocks, der ebenfalls 1955 eingeführt wurde. General Motors, das in jenen Tagen größte Unternehmen der Welt, leistete sich den unerhörten Luxus, jede ihrer Divisionen (Chevrolet, Pontiac, Oldsmobile, Buick, Cadillac und GMC Truck) eigene Motoren entwickeln und bauen zu lassen. Anders die Konkurrenz bei der Ford Motor Company und der Chrysler Corporation, die ihre jeweiligen Ableger (Ford, Edsel, Mercury und Lincoln respektive Plymouth, Dodge, DeSoto, Chrysler und Imperial) zur Verwendung gemeinsamer Motoren verpflichtete.

Fairerweise muss man sagen, dass die GM-Töchter alles andere, also Karosserien und tragende Strukturen, Getriebe, Fahrwerkstechnik etc. ebenfalls miteinander teilten und GM bereits in den 1960er Jahren langsam dazu überging, die parallele Motorenentwicklung seiner Marken aus Kostengründen zu reduzieren und später ganz einzustellen. Wie dem auch sei – der Pontiac-V8 bei GMC Truck hatte 1957 einen Hubraum von 5,7 Litern und leistete 206 SAE-PS, die entweder vom serienmäßigen Dreigang-Schaltgetriebe mit Lenkradschaltung oder dem aufpreispflichtigen Viergang-Schaltgetriebe mit Knüppelschaltung übertragen wurden.

Weitaus beliebter als beide zusammen war die 1954 eingeführte Hydra-Matic, ein Automatikgetriebe mit Flüssigkupplung und vier Gängen, das auch bei Pontiac, Oldsmobile und Cadillac zum Einsatz kam. Chevrolet und Buick arbeiteten mit Automatikgetrieben mit Drehmomentwandler und klangvollen Namen wie Powerglide (Chevy) und Dynaflow (Buick). Der hier gezeigte GMC ist übrigens ein Angehöriger der Series 101, womit in der firmeneigenen Nomenklatur ein Halbtonner mit kurzem Radstand bezeichnet wurde. Darüber hinaus gab es die Serien 102 (Halbtonner mit langem Radstand), 150 (Dreivierteltonner mit langem Radstand), sowie 251, 252 und 253, Eintonner mit kurzem, langem und extralangem Radstand. Allradantrieb wurde übrigens ebenfalls 1957 bei GMCs Light Trucks eingeführt, aber dieser 101 hat Heckantrieb.

Man sieht es ihm nicht an, aber der 1960 Series 1000 Wide-Side war etwas Besonderes. Das kreisförmige Emblem auf dem Vorderkotflügel wird von einem „V" durchzogen und darüber steht die Zahl 6. GMC führte zum Modelljahr 1960 eine vollkommen eigenständige Motorenfamilie, die sie mit keiner anderen GM-Division teilte. Diese Familie von V-Motoren mit einem Gabelwinkel von 60° gab es vor allem als V6 mit Hubräumen von 5,0 bis 7,8 Litern, als V8 mit 10,4 Litern und als V12 mit 11,5 Litern. In den Light Trucks wurde ausschließlich der Fünfliter verwendet. Er ersetzte ab 1960 alle bis dahin verwendeten GMC-Reihensechszylinder und von anderen Divisionen zugekaufte V8-Motoren, zumindest bis auf weiteres.

▲ Der 1976er GMC C2500 Crew Cab ist in den Ausstattungsvarianten High Sierra, Sierra Grande und wie hier Sierra Classic verfügbar. Crew Cabs gibt es nur in Dreiviertel- und Eintonner-Klassen.

◄ Der V6 in den Light-Duty-Pickups von GMC ab 1960 ist neben dem Motor gleicher Bauart in Buick- und Oldsmobile-Kompakt-Pkw der einzige Sechszylinder in V-Form made in USA.

Der V6 mit seinen sechs Exzentern an der Kurbelwelle zeichnete sich durch einen sehr ruhigen Leerlauf aus und benötigte daher anders als die meisten V6 keine Ausgleichswelle. Die Zündkerzen waren auf der inneren, also der dem Ansaugkrümmer zugewandten Seite angebracht und so vor dem heißen Auspuffkrümmer geschützt und leicht von oben zugänglich. Dank des für einen Sechszylinder großen Hubraumes von fünf Litern entwickelte der GMC-Motor ein beachtliches Drehmoment von 352 Newtonmeter bei nur 1600 Umdrehungen sowie 150 SAE-PS bei 3600 Touren.

Die Modellbezeichnungen hatten sich ebenfalls geändert: Am unteren Ende der Zuladungsklassen stand die Series 1000 mit einer halben Tonne. Hier haben wir es mit einem 1002 zu tun, einem Pickup mit 3226 mm Radstand und einer Länge von 5,24 Metern. Ein 1001 Pickup war das 4,74 Meter lange Gegenstück mit 2920 mm Radstand. Über der Series 1000 gab es noch die Series 1500 (Dreivierteltonner mit langem Radstand), 2502 (Eintonner mit langem Radstand) und 2503 (Eintonner mit extralangem 3378-mm-Radstand).

Wie bisher bot GMC außer dem Wide-Side mit glatten Flanken auch den Fender-Side mit freiliegenden Hinterkotflügeln an, außerdem Chassis-&-Cab-Modelle sowie Panel Trucks mit geschlossenen Aufbauten und den Truck-Kombi Suburban. Alle wurden stets vom neuen V6 angetrieben und konnten gegen 650 Dollar Aufpreis mit Allradantrieb bestellt werden. Der V6 blieb bis 1969 als Serienmotor der Light Trucks im Programm. Ab Modelljahr 1970 verwendete GMC ausschließlich Chevrolets Reihensechszylinder und V8-Motoren in den hier besprochenen Modellreihen.

Einer dieser Motoren trieb den 1976er C2500 Sierra Classic Crew Cab Wideside an. Man sieht, die Nomenklatur hatte sich in der Zwischenzeit wieder einmal geändert: 1500 = Halbtonner; 2500 = Dreivierteltonner; 3500 = Eintonner; C = Heckantrieb; K = Allrad. Unser Truck ist also ein 2WD-Dreivierteltonner in viertüriger, sechssitziger Crew-Cab-Ausführung und mit Sierra-Classic-Ausstattung, der höchsten Ausstattungsstufe. Serienmotor des C2500 war Chevys 4,8-Liter-Reihensechszylinder mit 120 PS, ansonsten standen ein 5,7-Liter-V8 mit 165 und ein 7,4-Liter-V8 mit 240 PS zur Wahl. In anderen Modellen waren außerdem ein 4,1-Liter-Sechszylinder mit 105 PS und ein 6,6-Liter-V8 mit 175 PS verfügbar. Ein Truck mit Crew Cab empfahl sich nicht für die Innenstadt, ruhte er doch auf einem superlangen Radstand von 4178 mm und war 6204 mm lang.

Die Entwicklung der GMC-Trucks spiegelte, wie bereits erwähnt, weitgehend die Evolution der Chevrolets wider, daher sollen hier nur einige ungewöhnliche Modelle der GMC Truck Division vorgestellt werden. Da wäre zunächst der 2002er Sierra Pro Plus, eine limitierte Sonderedition, die sich gezielt an gewerbliche Nutzer richtete. Angeboten wurde der Sierra Professional als 1500 oder 2500 HD Extended Cab mit kurzer Ladefläche, er war also 5,78 Meter lang. Hier ist er als 4WD-Ausführung zu sehen, er war aber auch mit Heckantrieb verfügbar.

Für den Antrieb sorgte im Sierra 1500 serienmäßig die 5,3-Liter-Ausführung des Chevrolet Small Block-V8 mit 285 PS, auf Wunsch konnte aber auch die kleinere Ausführung mit 4,8 Litern Hubraum und 270 PS geordert werden, eine sogenannte „credit option", deren Kosten vom Gesamtpreis abgezogen wurde. Die 2500er Ausführung des Sierra Professional gab es ausschließlich mit der 6,0-Liter-Version des Small Block mit 300 PS. Alle Professionals waren mit GMs Viergang-Automatikgetriebe ausgerüstet.

Was diese Modelle für Profis interessant machen sollte, waren jedoch weder Motorisierung noch Antriebsstrang, sondern serienmäßige Feinheiten wie die mit einer robusten Kunststoffwanne verkleidete Ladebox, die Schutzverkleidungen an den Stoßstangen und rund um die Radausschnitte sowie die trittbrettartigen Schutzschienen an den Karosserieflanken. Im Wageninneren fand sich eine große Mittelkonsole mit Staufächern für Laptops, Palmtops, Handys mit dazu passenden Ladebuchsen sowie Platz für ein kleines Hängeregister.

Darüber hinaus gab es in der ganzen Kabine Ablageflächen und natürlich große Cupholder, einer davon sogar mit Temperaturregelung zum Kühlen oder Warmhalten von Getränken. Die Ladefläche hatte obendrein eine Steckdose. Das hier gezeigte Gestell für den

▼ Alle GMC-Trucks des Jahres 2002 wie dieser Sierra 1500 Pro Plus verfügen serienmäßig über Scheibenbremsen an beiden Achsen sowie ABS und ein Automatikgetriebe mit einstellbarem Zug- und Schleppmodus.

Transport von Leitern war nur eines von diversen aufpreispflichtigen Extras zur individuellen Ausstattung des Sierra Pro Plus, der übrigens (in 1500er Version) zum Basispreis von 29.591 Dollar angeboten wurde. Ein großer Erfolg war dem Professional allerdings nicht beschieden, denn er wurde nur noch 2003 angeboten und dann mangels Nachfrage eingestellt.

Hybridfahrzeuge gab es schon vor mehr als 100 Jahren. Üblicherweise wird Ferdinand Porsche mit dem Bau des ersten solchen Automobils im Jahre 1901 in Verbindung gebracht, es war aber der Toyota Prius, der ab 1997 den Begriff „Hybridfahrzeug" einer breiten Öffentlichkeit bekannt machte. Die Kombination aus Benzin- und Elektromotor soll die besten Eigenschaften beider Motortypen miteinander kombinieren. Dabei soll das Hybridauto so viel wie möglich den – zumindest im Betrieb – umweltfreundlichen Elektromotor nutzen, der Verbrennungsmotor schaltet sich immer nur dann ein, wenn der Ladezustand des E-Motors eine bestimmte Grenze unterschreitet. Der Verbrenner lädt dann beim Fahren den Speicher wieder auf.

Was bei Pkw funktioniert, klappt auch bei Lastkraftwagen, wie General Motors 2004 zeigte, als der Konzern sein erstes Hybridfahrzeug überhaupt herausbrachte, eine spezielle Version des GMC Sierra und des Parallelmodells Chevrolet Silverado. Anders als beim Toyota Prius handelte es sich bei GM-Trucks um sogenannte Mikrohybride, denn der Elektromotor diente nur zum Aufladen der Batterie und zum Starten des Fahrzeuges, sobald das Bremspedal nicht mehr getreten wurde.

Ganz anders funktionierte dagegen der GMC Sierra Hybrid, der hier in natura und als Schnittzeichnung zu sehen ist. Dieses Modell kam 2009 heraus und war ein sogenannter Two-Mode Hybrid, also ein Fahrzeug mit zwei verschiedenen Betriebsmodi, nämlich Benzin- und Strombetrieb. Zusätzlich zu seinem 6,0-Liter-V8-Benzi-

▼ Der Hybridantrieb des 2009er GMC Sierra fügt den 332 PS des 6,0-Liter-V8-Benziners nach Werksangaben 47 hinzu. 2013 wird das Hybrid-Programm bei General Motors mit insgesamt sechs Chevrolet-, GMC- und Cadillac-Modellen eingestellt.

ner mit 332 PS hatte der Sierra Hybrid zwei Elektromotoren, die beim Bremsen und im Schiebebetrieb Strom erzeugten und damit ein Batterienpaket unter dem Rücksitz speisten. Der dort gespeicherte Strom wurde dann beim Beschleunigen abgerufen und ergänzte das ohnehin beträchtliche Drehmoment des Benzinmotors von 493 Newtonmetern.

Laut GM sollte der Sierra Hybrid im Stadtverkehr mit 11 l/100 km gut 50 Prozent weniger Kraftstoff verbrauchen als ein reiner Benziner, auf dem Highway sollten es mit 10,6 l/100 km immer noch 25 bis 30 Prozent weniger sein. Ambitionierte Behauptungen für ein über zwei Tonnen schweres Fahrzeug, das sechs Personen transportieren und 2,7 Tonnen Anhängelast ziehen konnte. Das Publikum war nicht überzeugt, der Hybrid-Truck konnte sich nicht durchsetzen, vor allem wegen des hohen Kaufpreises von rund 50.000 Dollar und weil die Benzinpreise nach einem kurzen Höhenflug auch wieder auf das in den USA übliche Niveau von 3 Dollar pro Gallone (3,785 Liter) sanken, was etwa der Hälfte des deutschen Preises entsprach.

Statt sich dem modernen Ablasshandel mit Hybrid-Pickups hinzugeben, kauften die Amerikaner weiterhin enthusiastisch große und bärenstarke Trucks, mit denen sie ihren Lieblingsbeschäftigungen nachgehen konnten, etwa dem Ziehen überdimensionierter Pferdeanhänger. Den 2012er GMC Sierra 3500 HD Crew Cab, ein 6,58 Meter langes, 2,43 Meter breites und 3568 Kilogramm schweres Monster – hier mit Doppelbereifung –, gab es entweder mit dem 6,0-Liter-V8-Benziner

◀ Hybridantrieb im 2009er GMC Sierra bedeutet zwei zusätzliche 60-kW-Motoren, die von einer Nickel-Metallhydridbatterie unter dem Rücksitz gespeist werden.

▼ Die Vorderradaufhängung des 2012er GMC Sierra 3500 HD arbeitet mit Drehstabfedern, mit denen sich die Fahrzeughöhe passend zum zulässigen Gesamtgewicht des Fahrzeuges einstellen lässt.

mit 360 PS oder dem beliebten Duramax-Turbodiesel-V8 mit 397 PS. Den 8,1-Liter-V8-Benziner der bis 2007 gebauten GMT800-Vorläufergeneration vermisste anscheinend niemand bei so viel Selbstzünder-Power. 2328 Kilogramm Zuladung sowie eine Zuglast von 10 Tonnen waren erlaubt. Das reichte für eine ganze Herde von Rassepferden oder Brauereigäulen.

Bei der Vorstellung der Full-Size-Pickups von GMC darf ein Blick auf die jüngste Generation natürlich nicht fehlen. Der Sierra 1500, der auch vor einem exklusiven Hotel nicht fehl am Platz wirkt, wurde für das Modelljahr 2019 nicht nur optisch neu gestaltet, sondern auch in jeder Hinsicht vergrößert und mit einer ganzen Reihe von Neuheiten versehen. Da wäre etwa der sogenannte CarbonPro-Ladebereich zu nennen, dessen Innenwände, Ladefläche und Innenkotflügel aus verschiedenen, zum Teil recycelten Kunststoffen bestehen. Das spart Gewicht und kann nicht rosten. Die MultiPro-Heckklappe, ebenfalls aus Kunststoff, lässt sich zur leichteren Beladung in sechs verschiedene Positionen bringen. CarbonPro und MultiPro gibt es exklusiv bei GMC, die Schwestermodelle von Chevrolet haben diese Besonderheiten nicht.

Das abgebildete Modell ist außerdem mit dem AT4-Paket ausgestattet; das Kürzel steht für All-Terrain 4-Wheel Drive. Der AT4 mit seinem um 508 mm höher gelegten Fahrwerk, den Geländereifen und elektronisch einstellbaren Antriebsmodi für den Einsatz abseits befestigter Straßen richtet sich an Kunden, die tatsächlich Offroading mit ihrem Truck betreiben wollen. Insgesamt sechs

Motor/Getriebe-Kombinationen stehen zur Auswahl, vom 2,7-Liter-V6 bis zum 6,2-Liter-V8, beim AT4 ist GMs 5,3-Liter-V8 Serienausstattung. Obwohl GMC, nüchtern betrachtet, bloß leicht umgestaltete Chevy-Pickups anbietet, aber zu einem höheren Preis, scheint sich diese langjährige Praxis immer wieder auszuzahlen. 556.449 Fahrzeuge verkaufte General Motors 2018 in Summe, davon 219.554 GMC Sierras. Seit 2009 haben sich GMCs Verkäufe sogar verdoppelt. Damit kann Konzernschwester Chevrolet nicht mithalten und Konkurrent Ford auch nicht. GMCs Reputation als Anbieter robuster und hochwertiger Trucks zahlt sich aus.

Was Du kannst, kann ich auch

Was Chevy sein S-10 war, war GMC der S-15, ein kompakter Pickup, der vor allem die Jugend ansprechen und den immer lästiger werdenden japanischen Trucks auf dem US-Markt Konkurrenz machen sollte. 1982 kam der S-15 heraus, abgesehen vom Kühlergesicht identisch mit dem S-10. Das Fotomotiv zielt eher auf den Nutzanwender und stellt den kleinen GMC in eine neuenglische Landschaft komplett mit Farm und

▲ Der GMC S-15 der ersten Generation (1982-93) wird meistens mit einem 2,8-Liter-V6 des Konzernbruders Chevrolet ausgerüstet. Basismotor ist der so genannte „Iron Duke", ein 2,5-Liter-Vierzylinder der GM-Tochter Pontiac.

▲ Der jüngste GMC Sierra 1500 erhält im Modelljahr 2020 die größeren Bruder Sierra 2500 und 3500 HD, die ebenfalls außen und innen grundlegend neu gestaltet sind.

ortstypischer überdachter Holzbrücke über einem lauschigen Bächlein. Wie man sieht, sind die Holzbalken ein wenig zu lang für die 1,82 Meter lange Ladefläche des 4,52 Meter langen Trucks. Vielleicht hätte der Kunde doch die 4,93 Meter lange Version mit 2,28 Meter langer Ladefläche wählen sollen.

Der S-15, in zweiter Generation in „Sonoma" umbenannt nach einer Stadt im nordkalifornischen Weinanbaugebiet, wurde in dieser Form von 1994 bis 2003 gebaut. Der hier gezeigte Sonoma in der ab 2001 erhältlichen Crew Cab-Ausführung ist Modelljahr 2002 und wird von Chevys unverwüstlichem 4,3-Liter-V6 angetrieben, der im Prinzip ein Small-Block-V8 mit zwei Zylindern weniger ist.

In der dritten Generation ab Modelljahr 2004 hypertrophierte der einst kompakte S-15 respektive Sonoma zum mittelgroßen GMC Canyon. Der 2010er Viertürer trägt ein kleines V8-Logo auf den vorderen Kotflügeln, um potenzielle Herausforderer an der Ampel auf die 300 PS unter der Haube aufmerksam zu machen. Das Überholprestige verdankt der Canyon dem gleichen 5,3-Liter-V8, den auch sein Chevy-Bruder, der Colorado, von 2009-2012 im Angebot hatte.

▲ Der 2010er GMC Canyon wird von der US-Automobilpresse wegen seines billig anmutenden Interieurs und den dünnen, unbequemen Sitzen vorne und hinten heftig kritisiert.

◀ Zur Serienausstattung des 2002er GMC Sonoma in der in jenem Jahr neu eingeführten Crew Cab-Version gehören ABS an Vorder- und Hinterrädern, eine Entladeschutzvorrichtung für die Batterie und eine Abschaltvorrichtung für den Beifahrerairbag.

Das letzte Bild zeigt den aktuellen GMC Canyon als Crew Cab mit Allradantrieb. Das 2019er Modell ist als Extended oder als Crew Cab in den Ausstattungsstufen SL, Canyon (abgebildet), SLE, All Terrain, SLT oder Denali erhältlich. Denali ist übrigens der Name der Ureinwohner für Nordamerikas höchsten Berg, dessen Gipfel 6190 Meter über dem Meeresspiegel liegt und der zwischen 1917 und 2015 Mount McKinley genannt wurde. Wie der Chevrolet Colorado ist der Canyon mit zwei Benzinern (2,5-Liter-Vierzylinder, 200 PS, und 3,6-Liter-V6, 308 PS) sowie einem 2,8-Liter-Vierzylinder-Turbodiesel mit 186 PS erhältlich. Letzterer wird vom GM-eigenen Subunternehmen Duramax geliefert, so wie alle Diesel, die GM in seinen Trucks verbaut. V8-Benziner haben seit 2013 in mittelgroßen GM-Pickups ausgedient. Der Canyon erfreut sich anhaltender Beliebtheit beim Publikum: 2018 wurden 33.492 Einheiten in Nordamerika verkauft, zusätzlich zu 134.842 Chevrolet Colorados. Auf der gleichen Plattform werden außerdem Pickups in Thailand und Brasilien gebaut und verkauft, in Südamerika weiterhin unter dem Namen Chevrolet S-10. Pickups aus thailändischer Produktion werden auch in Australien und Neuseeland als Holden Colorado angeboten. In Japan läuft der Colorado/Canyon unter dem Namen Isuzu D-Max. Ein echtes Weltauto.

▲ Der aktuelle GMC Canyon ist in der Crew Cab-Ausführung mit 1,58 oder 1,87 Meter langer Ladefläche erhältlich. Mit dem optionalen 2,8-Liter-Turbodiesel und Allradantrieb soll er nach Werksangaben 8,4 Liter Kraftstoff auf 100 Kilometer auf der Autobahn und 12,4 Liter im Stadtverkehr verbrauchen.

INTERNATIONAL HARVESTER

Die Treckerkönige

Der Name International Harvester wird üblicherweise mit landwirtschaftlichem Gerät in Verbindung gebracht, denn genau dort liegen die Ursprünge dieses US-Traditionsunternehmens. 1831 ließ sich Cyrus Hall McCormick eine Erntemaschine patentieren, die er selbst entwickelt hatte. Zusammen mit seinem Bruder Leander J. gründete er 1847 in Chicago die McCormick Harvesting Machine Company, die sich im 19. Jahrhundert, das aus gutem Grund das Jahrhundert der Forscher, Erfinder und Geschäftsleute genannt wird, sehr erfolgreich entwickelte.

Die McCormicks brachten nicht nur eine Reihe ausgezeichneter landwirtschaftlicher Maschinen heraus, sondern bauten auch ein landesweites Netz von Vertragshändlern und -werkstätten auf, in denen Kunden ihre Geräte kaufen, sie warten und reparieren lassen konnten, sowie Ersatzteile bekamen. 1902 fusionierte die McCormick Harvesting Company mit der Deering Harvester Company sowie drei kleineren Herstellern landwirtschaftlicher Ausrüstung zur International Harvester Company.

Das Unternehmen begnügte sich schon bald nicht mehr damit, die Farmer Amerikas mit Traktoren und Erntemaschinen zu versorgen, sondern stieg 1907 auch in den Automobilbau ein, um mit eigenen Kleinlastern gegen General Motors, Ford und später Chrysler anzutreten. Dank seiner ausgezeichneten Reputation als Hersteller robuster, zuverlässiger und vielseitiger Landmaschinen konnte International Harvester schnell viele Kunden von der Qualität seiner hauseigenen Pickups überzeugen.

► 171.638 Trucks aller Klassen stellt die International Harvester Company im Verlauf des Kalenderjahres 1965 her.

COMPANY (IHC)

1929 erreichte die Produktion von IHC-Trucks bereits die Marke von 50.000 Stück; nur Chevrolet und Ford stellten mehr Light Duty Trucks her. Dank des bereits vorhandenen Händlernetzes, mit dem IHC die USA und Kanada in 170 Verkaufszonen aufteilte, war das Unternehmen auch in den entlegensten Regionen des Kontinents präsent. Die große zeitgenössische IHC-Modellpalette umfasste neben dem Travelall die beliebten Chassis & Cab-Modelle, diverse Light Duty-Trucks und Trucks aus dem Medium Duty-Bereich.
1957 war ein besonderes Jahr für die International Harvester Company: 50 Jahre zuvor hatte die Produktion von Pickup Trucks begonnen. Pünktlich zum Jubiläum kam IHC mit einer vollkommen neuen Truck-Baureihe auf den Markt, der sogenannten A-Series. Die Modellvielfalt stand der Konkurrenz in nichts nach: Es gab Halb-, Dreiviertel- und Eintonner auf vier Radständen (2794, 2895, 3200 und 3276 mm) in Chassis & Cab-Ausführung, als Pickup mit freiliegenden Heckkotflügeln, als Custom Pickup mit glatten Karosserieflanken, als Utility Pickup mit vier Türen sowie als geschlossenen Panel Truck und als Kombi namens Travelall.
Alle Modelle ließen sich gegen 642 Dollar Aufpreis mit Allradantrieb ausrüsten, den IHC 1953 für seine Light Trucks einführte. Als Kraftquelle diente Internationals Black-Diamond-Motorenfamilie von Reihensechszylindern: 3,6 Liter mit 113 SAE-PS, 4,0-Liter mit 140 SAE-PS sowie 4,3 Liter mit 154 SAE-PS.
Zur nächsten Truck-Generation, die 1961 debütierte und als D-Series bezeichnet wurde, gehörten die beiden hier gezeigten Pickups, ein 1965er D-900 und ein D-1100 Bonus Load Pickup aus demselben Jahr. Die äußeren Unterschiede sind leicht zu erkennen: Der D-900 war ein kurzer Pickup auf 2718 mm-Radstand mit freiliegenden Kotflügeln hinten, von IHC „Fenderside" genannt. Der D-1100 hörte auf den Namen Bonus Load Pickup, weil seine Ladefläche um einen Fuß (30,48 cm) länger war als die des kleinen Fenderside, nämlich insgesamt 7 statt 6 Fuß, also 2133 statt 1829 mm. Der Zugewinn an Ladefläche kam durch den län-

INTERNATIONAL®
LIGHT
DUTY
TRUCKS
INTERNATIONAL
T-6734

geren Radstand des D-1100 zustande, der mit 3022 mm besagten 1 Fuß länger war als beim D-900.
Bekanntlich halten die US-Amerikaner nach wie vor an den antiquierten Maßeinheiten fest, die sie von ihren britischen Kolonialherren übernommen haben. Obwohl das metrische System mittlerweile auch in den USA Einzug gehalten hat und in der Industrie nahezu durchgängig verwendet wird, geben beispielsweise Verkaufsprospekte der Autoindustrie der Kundschaft zuliebe Fahrzeugdimensionen in Zoll und Fuß an, obwohl Limousinen und Trucks nach metrischen Vorgaben entworfen und gebaut wurden.
Bei der Motorisierung hatte sich einiges getan, denn neben dem serienmäßigen 4,0-Liter-Sechszylinder mit 141 SAE-PS gab es zwei V8-Motoren aus eigener Produktion, nämlich einen 4,4-Liter mit 155 SAE-PS und einen 5,0-Liter mit 193 SAE-PS. Beide waren gegen 120 respektive 180 Dollar Aufpreis in allen IHC-Trucks erhältlich. Auf der Liste der aufpreispflichtigen Extras standen ein Bremskraftverstärker (50 Dollar), ein HydraMatic-Automatikgetriebe von General Motors (245 Dollar), das es allerdings nur für heckgetriebene Trucks gab, ein 65 Dollar teures Viergang-Schaltgetriebe als Ersatz für das reguläre Dreiganggetriebe und Allradantrieb (569 Dollar).
1975, also zehn Jahre später, waren International Harvesters goldene Jahre vorbei. Das Unternehmen, das in Jahrzehnten immer neue Geschäftsinteressen neben dem Bau von Landmaschinen und Trucks verfolgt hatte, geriet mehr und mehr in finanzielle Schieflage. Das Geld für notwendige Investitionen in die Modellentwicklung fehlte, so dass die IHC-Produkte, gerade die Light Trucks, mit den Innovationen der Konkurrenz kaum noch Schritt halten konnten. Konsequenterweise gingen die Verkaufszahlen zurück.
Ein Beispiel dafür ist der Series 150 (die Modellbezeichnungen hatte sich wieder einmal geändert) Bonus Load Pickup von 1975. Er war einer von gerade einmal 17.036 Pickup Trucks, die IHC in jenem Jahr produzierte, 6618 davon in der Halbtonner-Serie 150 und 10.418 in der Dreivierteltonner-Serie 200. Das Modellangebot war zu diesem Zeitpunkt, sechs Jahre nach der Einführung der Modellgeneration, drastisch verkleinert worden – ein deutliches Zeichen schlechter

▲ Den 1978er Scout Terra gibt es auch in der so genannten Suntanner-Ausführung, als Pickup mit Cabrioletverdeck oder mit einem abnehmbaren Hardtop aus Kunststoff.

▲ Der 1975 Series 150 Bonus Load Pickup mit kurzem Radstand wiegt leer 1829 kg in 2WD- und 1944 kg in 4WD-Ausführung.

Zeiten. Es gab neben dem Bonus Load Pickup nur noch die Ausführungen Chassis & Cab und Travelette Chassis & Cab, einen viertürigen Truck ohne Aufbauten hinter der sechssitzigen Fahrerkabine.
Hinzu kam der Travelall, der schon erwähnte viertürige Kombi auf Truck-Basis ähnlich dem Chevrolet Suburban, der 4787 Mal gebaut wurde. Der Series 150 Bonus Load Pickup 150 war, wie Pickups in den Siebzigern generell, kein reines, anspruchsloses Nutzfahrzeug mehr. Auch bei IHC ließen sich die Kunden ihre Trucks etwas kosten, indem sie sie mit Extras aus der Aufpreisliste aufwerteten. So hatten 64,4 Prozent aller 150 ein Automatikgetriebe, 83,9 Prozent Servolenkung, 71,5 Prozent ein Kurzwellen- und 0,7 Prozent ein UKW-Radio, 58,6 Prozent eine Klimaanlage und 22,1 Prozent hatten getönte Scheiben.
Einen Bremskraftverstärker hatten alle IHC-Trucks, denn er war Serienausstattung, ebenso wie die Scheibenbremsen an der Vorderachse. 1975 liefen alle Trucks außerdem mit einem V8 vom Band. Serienmäßig gab es den 5,0-Liter mit nunmehr 140 PS. Außerdem standen im Programm ein 5,6-Liter mit 158 PS und ein 6,4-Liter mit 191 PS. Letzterer wurde allerdings nur in 9,7 Prozent aller Series 150- und 23,7 Prozent aller Series 200-Pickups verbaut. Trotz ihrer nach wie vor großen Leistungsfähigkeit auf der Straße und im Gelände und des guten Rufs, den sich IHC-Produkte erworben hatten, wurde 1975 das letzte Modelljahr für nahezu alle Trucks in der Light Duty-Kategorie. Das Management bei International Harvester hatte beschlossen, seine Anstrengungen auf den Nutzfahrzeugbau im Schwerlastbereich sowie auf den Landmaschinenbau zu konzentrieren.
Das einzige Light-Duty-Fahrzeug, das noch übrig blieb, war der Scout, ein Geländewagen, der ab 1961 dem Jeep CJ Konkurrenz machte und sich bei seinen Fans einen geradezu legendären Ruf erworben hatte. Der Scout wurde ab 1976 auch in einer Pickup-Version angeboten, dem Terra, der auf Seite 109 in seiner 1978er Ausführung zu sehen ist. Der Terra hatte gegenüber dem Scout einem um 45,7 mm auf insgesamt 2997 mm verlängerten Radstand und damit genug Platz für eine 1,82 Meter lange Ladefläche. Der 4,68 Meter lange Pickup war offiziell als Vierteltonner eingestuft, aber für eine Zuladung von 900 kg zugelassen.
Antriebsseitig gab es nach wie vor eine beachtliche Auswahl: Es begann mit dem serienmäßigen 3,2-Liter-Vierzylinder mit 86 PS, der immerhin 34,3 Prozent der 6496 Terra-Käufer im Jahre 1976 genügte. Aufpreispflichtig war ein 3,2-Liter-Reihensechszylinder-Saugdiesel mit 92 PS, den IHC von Nissan kaufte. Ihn wollten 5,6 Prozent aller Käufer. Die restlichen 60,1 Prozent entschieden sich für einen der beiden verfügbaren V8, die bekannten 5,0- und 5,6-Liter-Motoren mit 140 und 168 PS. Bis 1978 hatten sich die Präferenzen der Kundschaft deutlicher in Richtung V8 verschoben, denn 72,6 Prozent der leider nur noch 2966 Terra-Käufer konnten sich nicht mit einem Vierzylinder (20 Prozent Käuferanteil) oder einem Diesel (der Rest) anfreunden.

International Harvester hielt die Produktion des Scout respektive des Terra trotz sinkender Verkaufszahlen bis einschließlich 1980 aufrecht.

Weitere Extras und der Grad ihrer Beliebtheit im Jahre 1978: Automatikgetriebe (40,9 Prozent), Viergang-Schaltgetriebe (46,1 Prozent), Servolenkung (78,5 Prozent), Allradantrieb (88,7 Prozent). Der abgebildete Terra trägt außerdem das damals neue Rallye Trim Package zur Schau, ein 687 Dollar teures Ausstattungspaket, zu dem neben der Sonderlackierung auch die Spezialfelgen und härtere Stoßdämpfer gehörten, aber nicht die Winde auf der Vorderstoßstange. So etwas gab's nicht ab Werk, sondern vom Händler, eine sogenannte „dealer-installed option".
International Harvester hielt die Produktion des Scout respektive des Terra trotz sinkender Verkaufszahlen bis einschließlich 1980 aufrecht. In diesem Jahr gab es die zweite Ölkrise, die Wirtschaft stürzte ab, und IHC war obendrein von einem sechsmonatigen Streik betroffen, der die Firma 600 Millionen Dollar kostete. Unter diesen Umständen stellte das Management die Produktion von Kleinlastern komplett ein und zerfiel. Die Schwerlastsparte wurde 1986 in Navistar umbenannt und baut bis heute Zugmaschinen und Motoren. Der Landmaschinenbau und der Markenname International Harvester gingen an die Firma Tenneco, die heute allerdings als Zulieferer von Ersatzteilen für Pkw und Lkw tätig ist. Was bleibt, ist eine ruhmreiche Markengeschichte und überlebende Trucks, die von ihren Fans mit Hingabe restauriert und konserviert werden.

JEEP

Der, den jeder kennt

Es ist keine Übertreibung, dass der Name Jeep seit dem Zweiten Weltkrieg das Synonym für „Geländewagen" ist. Alles, was auch nur entfernt wie ein geländetaugliches Vehikel aussieht, wird im Volksmund als Jeep bezeichnet, egal wer es eigentlich hergestellt hat. Über die Entstehungsgeschichte des berühmten Allradlers der US-Streitkräfte und ihrer Alliierten ist schon so viel geschrieben worden, auch von diesem Autor, dass es hier nicht wiederholt werden muss. Es genügt die Feststellung, dass der Jeep seinen bis dahin ums Überleben kämpfenden Hersteller, Willys-Overland aus Toledo im US-Bundesstaat Ohio, nicht nur finanziell sanierte, sondern auch einer ganzen Nation bekannt machte.

Aufbauend auf der Popularität und dem geradezu legendären Ruf des Jeeps, der auch in Friedenszeiten weiter produziert wurde, lancierte Willys-Overland im Jahre 1947 eine neue Modellreihe von Pickup Trucks im Jeep-Design und mit Jeep-Technik, aber größer, vielseitiger und leistungsfähiger. Mit ihnen erschloss sich Willys-Overland die höheren Zuladungsklassen für Kleinlaster, denn die Willys Trucks, so ihre unprätentiöse Bezeichnung, waren als Halb- und als Eintonner zugelassen. Sie wurden bis 1966 mit nur geringen Änderungen gebaut und waren damit eine der beständigsten Baureihen überhaupt im hochdynamischen US-Automobilmarkt.

Nach dem Krieg gab es noch wenige Unabhängige, darunter Willys-Overland und Kaiser-Frazer.

Stellvertretend für alle steht hier der abgebildete Willys One-Ton aus dem Jahr 1954, der nähere Betrachtung verdient. An der Seite der Motorhaube findet sich der Schriftzug „4-Wheel Drive", also Allradantrieb. Dieser Hinweis ist relevant, denn ungeachtet der Reputation des Jeeps als Mutter aller Allradler wurden die Jeep-Trucks stets auch mit Heckantrieb angeboten. Ob 2WD oder 4WD, die Pickups hatten einen Radstand von 2997 mm (zum Vergleich: DER Jeep hatte einen Radstand von gerade einmal 2032 mm) und waren 4666 mm lang.

Einen Unterschied gab es bei der Motorisierung, denn die für eine halbe Tonne Zuladung eingestuften Hecktriebler verwendeten den klassischen Willys-Vierzylinder aus dem Jeep mit 2,2 Litern Hubraum und 72 SAE-PS, während die Allradler für eine Tonne Zuladung zugelassen waren. Um das höhere Fahrzeuggewicht angemessen zu bewegen, erhielten die 4x4-Trucks im Jahr 1954 einen Reihensechszylinder mit 3,7 Liter Hubraum und 115 SAE-PS. Der Motor mit der dramatischen Bezeichnung „Super Hurricane" wurde vom neuen Besitzer der Firma Willys-Overland geliefert, der Kaiser-Frazer Corporation.

Zur Erklärung: Neben den omnipräsenten „Großen Drei" der US-Automobilindustrie, also der General Motors Corporation, der Ford Motor Company und der Chrysler Corporation, gab es auch nach dem Zweiten Weltkrieg noch ein paar unabhängige kleinere Hersteller, vor allem Hudson, Packard, Studebaker, Nash, Willys-Overland und eben Kaiser-Frazer. Diese Unternehmen und ihre Produkte waren oft sehr innovativ und hochwertig, aber sie standen unter einem enormen Konkurrenzdruck seitens der „Big Three", die ihre Marktmacht und ihre überlegene Kapitalbasis rücksichtslos ausnutzten, um die kleineren Wettbewerber plattzumachen. Marktbereinigung nennt man so etwas. Um der Vernichtung zu entgehen, suchten die Kleinen ihr Heil in den 1950er Jahren in Fusionen untereinander. Hudson fusionierte mit Nash, Studebaker mit Packard und Kaiser-Frazer mit Willys-Overland. Das alles geschah ziemlich genau Mitte der Fünfziger, führte aber nicht zu den gewünschten Resultaten, denn zwei

▲ Die Trucks von Willys-Overland, also auch den 1954 Willys One-Ton, hat Brooks Stevens entworfen, einer der berühmtesten Industriedesigner seiner Zeit. Er zeichnete auch verantwortlich für die Harley-Davidson Hydra-Glide von 1949.

Schwächlinge ergeben zusammen keinen Herkules. Studebaker-Packard bestand bis 1958, dann wurde Packard zu Grabe getragen. Studebaker überlebte bis 1966. Nash-Hudson bestand bis 1957, dann war es um Hudson geschehen. Aus Nash wurde 1958 Rambler und aus Rambler wurde 1966 die American Motors Corporation (AMC), die auch im Zusammenhang mit Jeep noch eine Rolle spielen sollte.

Was Kaiser-Frazer und Willys-Overland angeht, so trugen die Jeep-Modelle nach der Übernahme durch Kaiser-Frazer noch ein paar Jahre lang den Schriftzug „Willys", wurden aber Anfang der 1960er zu „Kaiser-Jeep". Kaisers Pkw-Modelle waren da bereits Geschichte. Mit dem Jeep hatte das Unternehmen eine am Markt gut etablierte Marke an der Hand, aber kein Geld für die langfristige Produktplanung und -entwicklung. Am Ende wurde Kaiser-Jeep im Jahre 1970 von AMC übernommen und bis 1987 unter diesem Namen vermarktet. Dann war auch für American Motors das Ende gekommen, und das abgewirtschaftete Unternehmen wurde von der Chrysler Corporation geschluckt, die ihrerseits 2014 von Fiat übernommen wurde. Die Marke Jeep war also zeitlebens eine Art Wanderpokal, aber ein sehr begehrter, denn der größte Aktivposten jedes der diversen Mutterunternehmen war stets die Marke Jeep.

Gladiator, die Erstauflage

Nach diesem wirtschaftsgeschichtlichen Exkurs zurück zum Produkt, genauer gesagt zum Jeep Gladiator, den wir jetzt näher untersuchen wollen. Dazu begeben wir uns in das Jahr 1963, in dem Kaiser-Jeep die vollkommen neue Baureihe von Full-Size Trucks herausbrachte. Mit beträchtlichem finanziellem und personellem Aufwand hatte das Unternehmen einen Kleinlaster entwickelt, der den Wettbewerbern von Chevrolet/GMC, Ford und Dodge auf allen Ebenen Konkurrenz machen sollte. Konsequenterweise gab es den Gladiator als Halb-, Dreiviertel- und Eintonner in den Karosserievarianten Pickup Thriftside mit freiliegenden Hinterkotflügeln, Pickup Townside mit glatten Karosserieflanken sowie Stake, Platform und Chassis & Cab. Kaiser-Jeep Trucks hatten natürlich auch ihre eigene komplexe Nomenklatur, an der Eingeweihte Zuladung und zulässiges Gesamtgewicht erkennen konnten. Los geht's: J200 = Halbtonner, zulässiges Gesamtgewicht 1810 kg. J210 = Halbtonner, 2540 kg. J220 = Dreivierteltonner, 2990 kg. J230 = Eintonner, 3900 kg. J300 = Halbtonner, 2270 kg. J310 = Dreivierteltonner, 2990 kg. J320 = Dreivierteltonner, 3450 kg und schließlich der J330 = Eintonner, zulässiges Gesamtgewicht 3900 kg.
Es gab zwei Radstände, 3048 und 3200 mm, wobei nur der J300/310/320/330 mit dem langen zu haben war. Alle Modelle wurden sowohl mit Heck- als auch mit All-

PLATFORM

PLATFORM STAKE

DUAL REAR WHEEL STAKE

radantrieb angeboten. 2WD-Modelle hatten vorn Einzelradaufhängung mit Schwingachse und Drehstabfedern, 4WD-Modelle eine Starrachse mit Blattfedern. Zunächst stand nur ein einziger Motor zur Verfügung, nämlich ein 3,8-Liter-Reihensechszylinder mit obenliegender Nockenwelle und 140 SAE-PS, genannt „Tornado Six“. Angesichts des Gewichtes des Gladiators wurde daraus eher ein mildes Lüftchen, darf man annehmen. Die Kraftübertragung besorgten ein serienmäßiges Dreigang-Schaltgetriebe oder ein aufpreispflichtiges Dreigang-Automatikgetriebe.

Die Gladiators, die übrigens auf der gleichen Plattform ruhten wie der zeitgleich eingeführte Jeep Wagoneer, ein Geländekombi, der oft als Mutter aller SUV bezeichnet wird, blieben bis 1987 im Programm. Die Änderungen hielten sich in Grenzen, nicht zuletzt wegen der stets angespannten Finanzlage im Unternehmen, die umfangreiche modellpflegerische Maßnahmen unmöglich machte. Die Beständigkeit der Jeep-Pickups wird deutlich bei einem Blick auf den 1968er Jeep Gladiator J3000 Townside, der auch fünf Jahre nach seiner Einführung, eine Ewigkeit im US-Automobilbau, äußerlich unverändert blieb.

Die Typenbezeichnungen hatten sich zwischenzeitlich in J2500/2700/2800 sowie J3500/3600/3700/3800 geändert, und auch mechanisch hatte sich etwas getan. Der OHC-Sechszylinder war 1965 einem konventionelleren OHV-Sechszylinder mit 145 SAE-PS gewichen, und ein 5,3-Liter-V8 von AMC war ebenfalls ab 1965 verfügbar. Seine 250 SAE-PS konnten dem mehr oder weniger schweren Gladiator nur gut tun. 1970 gab es ein neues Kühlergesicht, ab 1971 arbeiteten in allen Gladiators nur noch AMC-Motoren mit bis zu 6,6 Litern Hubraum.

Die Modellpalette wurde im Laufe der Jahre immer kleiner, ab 1974 waren nur noch lange und kurze Townsides im Angebot. Die Einführung eines permanenten Allradantriebs im Jahre zuvor beflügelte die Verkaufszahlen der Gladiators (die ab 1972 nicht einmal mehr so genannt wurden) ebenso wenig wie die vorderen Scheibenbremsen ab 1974 oder das elektronische Zündsystem 1975. Der Gladiator war ein ausgezeichneter Truck, robust, zuverlässig und in jeder Hinsicht konkurrenzfähig, wurde aber von einer Firma produziert, die weder das Geld noch das Management hatte, um die Produkte angemessen zu modernisieren. Immerhin: Der ausgezeichnete Ruf zieht auch heute noch. Warum sonst hätte Jeep den Namen wieder ausgraben sollen?

▲ Die Schwesterausführung des 1963 Jeep Gladiator Thriftside ist der Townside mit integrierten Heckkotflügeln. Diese Ausführungen sind bei allen Herstellern die Kundenlieblinge.

◀ Die Karosserievariante Thriftside des 1963 vorgestellten Jeep Gladiator wird 1968 wegen mangelnden Kundeninteresses eingestellt.

▼ Alle 1963er Jeep Gladiators werden vom werkseigenen 3,8-Liter-Sechszylinder mit obenliegender Nockenwelle angetrieben. Damit beschleunigt ein Gladiator in etwa 16 Sekunden von 0 auf 100 km/h.

Kommandoaktion

Zu den obskuren Jeep-Pickups gehört zweifellos der Jeepster Commando, der von 1967-73 gebaut wurde und hier in seinem letzten Baujahr abgebildet ist. Der Name Jeepster stammte ursprünglich von einem offenen Roadster auf Jeep-Basis, der von 1948 bis `51 gebaut worden war, ohne beim Publikum großen Anklang zu finden. Im zweiten Anlauf wollte man es besser machen und offerierte das kompakte Vehikel (Radstand 2565, Länge 4,27 Meter) in mehreren Ausführungen, als Cabriolet, als Roadster, als geschlossenen Kombi und natürlich wie hier als Pickup. Die technische Basis des Jeepster Commando war der Jeep CJ-6, dessen Rahmenchassis, Fahrwerk und tragende Karosseriestruktur ebenso übernommen wurde wie Motoren und Antriebsstrang.

Basiskombination waren der altbewährte 2,2-Liter-Vierzylinder mit 75 SAE-PS und ein Dreigang-Schaltgetriebe. Die meisten Kunden bevorzugten allerdings den optionalen 3,7-Liter-V6 mit 160 SAE-PS, der ursprünglich von der GM-Tochter Buick entwickelt worden und später an Kaiser-Jeep verkauft worden war (nur um 1974 wieder zurückgekauft zu werden, aber das ist eine andere Geschichte). Ebenfalls von GM stammte die aufpreispflichtige Turbo-HydraMatic-400-Getriebe-

◀ Jeep-Pickups wie der 1968er Gladiator J3000 Townside werden auch in einer Militärversion angeboten. So verwendet die schwedische Luftwaffe insgesamt 450 Gladiators unter den Namen Klargöringsbil 9711 und 9712.

automatik mit drei Vorwärtsgängen, die sich beim zunehmend schaltfaulen US-Publikum stetig wachsender Beliebtheit ebenso erfreute wie Fords Cruise-O-Matic und Chryslers TorqueFlite. Der Jeepster Commando war nur mit Allradantrieb erhältlich.

Die Modellpflege hielt sich während der kurzen Bauzeit in Grenzen. Ab 1970 gab es auf Wunsch eine Servolenkung für alle V6-Modelle. 1972, nach der Übernahme von Kaiser-Jeep durch AMC, wurden nur noch hauseigene Motoren im Commando verbaut; der Name Jeepster entfiel. Es gab nun zwei Versionen von AMCs Reihensechszylindern: 3,8 Liter mit 100 PS und 4,2 Liter mit 110 PS. Zum ersten Mal gab es auch einen V8 mit fünf Litern Hubraum und 150 PS. Die neuen Motoren brauchten mehr Platz unter der Haube, also wurde der Commando auf 4,43 Meter verlängert und erhielt außerdem ein neues Kühlergesicht, das keinerlei Ähnlichkeit mehr mit dem Jeep CJ aufwies. Nutzen ziehen konnte der Commando aus all dem nicht, die Verkaufszahlen blieben mau, und 1973 war Schluss.

▼ Der Jeep Commando in seiner letzten Modellgeneration (1972/73) wird unter der Regie der American Motors Corporation nur 20.223 Mal gebaut.

Von Komantschen und anderen Indianern

Ein weiterer Versuch, die Jeep-Fahrzeugpalette um ein Erfolgsmodell zu bereichern, war der 1986 vorgestellte Jeep Comanche, ein Pickup auf Grundlage des zwei Jahre zuvor eingeführten Jeep Cherokee. Klar, den Namen Cherokee hatte es schon früher gegeben als Bezeichnung für die 1974 nachgeschobene zweitürige Ausführung des 1963er Jeep Wagoneer. Unter dem Eindruck der Ölkrisen von 1973/74 und 1980 war bei allen US- Autoherstellern eine Schrumpfkur angesagt. Kleiner, leichter, effizienter, lautete das Motto. Eines der Resultate dieses „Downsizing" genannten Prozesses waren der kleine Jeep Cherokee von 1984 und sein Ableger Comanche, der zwei Jahre später kam.

Wie sich 1963 Jeep-Trucks und Jeep Wagoneer eine Plattform teilten, so war auch der Comanche unverkennbar ein enger Verwandter des Cherokee. An oberster Stelle bei der Entwicklung der neuen Plattform stand die Gewichtseinsparung und damit die Senkung des Kraftstoffverbrauchs. Zu diesem Zweck wich man bei Jeep zumindest teilweise von der im Last- und Geländewagenbau üblichen Praxis eines Chassisrahmens ab und entwickelte eine selbsttragende Karosseriestruktur für den Cherokee. Bei einer solchen Konstruktion sind Bodengruppe und Aufbau der Karosserie miteinander zu einer Einheit verschweißt; AMC/Jeep bezeichnete das als UniFrame-Bauweise.

Beim Comanche allerdings war nur der Vorderwagen bis zur B-Säule selbsttragend, die Ladefläche ruhte auf einem konventionellen Kastenrahmen, damit man sie bei Bedarf problemlos abnehmen konnte. Die Gewichtsersparnis gegenüber den letzten Gladiator-Pickups war trozdem nicht unbeträchtlich: Ein 1986er Comanche mit Allradantrieb brachte 1400 kg auf die Waage, ein 4WD-Gladiator gleichen Baujahres 1730

▲ Ein Exot, auch nach Jeep-Maßstäben, ist der CJ-8 Scrambler, ein von 1981 bis 1985 gebauter Pickup auf Basis des CJ-5/CJ-7. Abgesehen von der 1,52 Meter langen Ladefläche ist er mit den Stallgefährten identisch bis hin zum serienmäßigen 2,5-Liter-Vierzylinder und dem optional erhältlichen 4,2-Liter-Sechszylinder, beide von AMC. 1981 laufen 7840 Scrambler vom Band, 1985 nur noch 2826.

kg. Bei einem Radstand von 3045 mm war der Comanche 4966 mm lang gegenüber einem Gladiator mit 3327 mm Radstand und 5232 mm Länge.
Weniger Gewicht benötigt weniger Kraft zur Fortbewegung, daher war der Comanche serienmäßig mit einem 2,5-Liter-Vierzylinder mit 117 PS ausgestattet, der von AMC stammte. Alternativ gab es einen 2,8-Liter-V6 von Chevrolet mit 115 PS und – ein Novum in dieser Klasse amerikanischer Trucks – einen 2,1-Liter-Vierzylinder-Turbodiesel von Renault. Die Franzosen kooperierten damals mit AMC mehr oder weniger erfolgreich. Ach ja, die Kraftübertragung: Ein Viergang-Schaltgetriebe war Serienausstattung, ein Fünfgang-Schaltgetriebe und eine Dreigang-Automatik waren Extras. Den Comanche gab es in 2WD- und 4WD-Ausführung, letztere wahlweise mit zuschaltbarem Command-Trac- oder permanentem Selec-Trac-Allradantrieb.
Im Gegensatz zum Cherokee, der sich beim Publikum fest etablierte und sich eine überzeugte Fangemeinde sicherte, ging das Käuferinteresse am Comanche stetig zurück. Nach dem besten Jahr 1988 mit 43.718 produzierten Einheiten sanken die Zahlen rapide. 1991 liefen nur 5188 Fahrzeuge vom Band und im letzten Jahr bloß noch 3142. Die Ergänzung des Comanche um ein Modell mit kürzerem Radstand (2870 mm) im Jahr 1987, der Wegfall des Turbodiesels und der Ersatz des Chevy-V6 durch einen leistungsstärkeren 4,0-Liter-Reihensechszylinder mit zuletzt 190 PS wurden vom Kunden nicht goutiert, und so verschwand der Comanche nach 1992.

◀ Der Jeep Comanche wurde Mitte August 1985 bei einer opulenten Veranstaltung für AMCs 1500 nordamerikanische Vertragshändler im MGM Grand Hotel and Casino in Las Vegas von Jose Dedeurwaerder vorgestellt, dem von Renault gekommenen neuen AMC-Präsidenten.

Gladiator, die zweite

Nach all den ernüchternden Erfahrungen mit Pickups in der Vergangenheit müsste Jeep eigentlich endgültig kuriert sein, könnte man meinen, aber dem ist nicht so. Nach 28-jähriger Abstinenz hat Jeep soeben einen neuen Pickup zum Beginn des Modelljahres 2020 herausgebracht unter dem Traditionsnamen Gladiator. Mehr noch, die Werbung für das neue Produkt bezieht sich ausdrücklich auf die bis 1947 zurückreichende Geschichte der diversen Jeep-Trucks, die hier nicht einmal alle aufgelistet werden konnten.

Äußerlich ist der Gladiator unverkennbar ein Jeep, denn das Vorderteil bis zur C-Säule wurde praktisch unverändert vom Jeep Wrangler übernommen, der das ikonenhafte Styling des Weltkriegs-Allradlers bewahrt oder, besser ausgedrückt, zelebriert. Um aus dem kompakten Wrangler einen ebenso zugstarken wie geländetauglichen Pickup zu machen, wurde der Chassisrahmen verlängert und komplett überarbeitet, so dass der Gladiator 725 statt 453 kg Zuladung transportieren und 3,5 statt 1,9 Tonnen ziehen kann, Spitzenwerte in der Klasse der mittelgroßen Trucks. Mittelgroß heißt beim Gladiator 3487 mm Radstand, 5539 mm Länge und 1874 mm Breite.

Die Kraftquelle für so viel Auto ist Chryslers 3,6-Liter-V6-Benziner mit 285 PS, im Laufe des Modelljahres 2020 kommt noch ein 3,0-Liter-V6-Turbodiesel mit 260 PS. Die Motorkraft wird serienmäßig von einem 6-Gang-Schaltgetriebe oder wahlweise einem 8-Gang-Automatikgetriebe übertragen. Natürlich kommt es bei einem Jeep ganz besonders auf die Geländegängigkeit an, schließlich hat die Marke einen geradezu legendären Ruf zu wahren. Der Gladiator in den Ausstattungsstufen Sport und Overland ist deswegen mit dem zuschaltbaren Command-Trac-Allradantrieb ausgestattet, der Gladiator Rubicon verwendet das Roc-Trac-System. Der Unterschied zwischen beiden besteht vor allem in der noch kürzeren Geländeuntersetzung beim Roc-Trac, um auch schwerste Geländepartien im Kriechgang zu befahren, auf- oder abwärts. Zur Ausstattung fürs Gelände gehören außerdem Ab-

◀ Der neue Jeep Gladiator wird bis auf weiteres ausschließlich im Jeep-Stammwerk in Toledo, Ohio, produziert, wo die Marke Willys-Overland im Jahre 1908 gegründet worden war.

▲ Der 2020er Jeep Gladiator in Rubicon-Ausführung nimmt nicht etwa auf den berühmten Fluss Bezug, den Julius Cäsar einst überschritt, sondern auf den Rubicon Trail, einen Geländeparcours im Grenzgebiet zwischen Kalifornien und Nevada.

schleppösen vorne und hinten und ein umfassender Unterfahrschutz. Eine Besonderheit beim Modell Rubicon sind Querstabilisatoren, die im Gelände elektronisch ausgeklinkt werden können, um damit eine höhere Fahrwerksverschränkung zu ermöglichen. Der Gladiator mit seiner Bodenfreiheit von mehr als 28 Zentimetern kann einen Böschungswinkel von 26 Grad bewältigen und hat eine Wattiefe von über 75 Zentimetern. Auf der Straße kann der Jeep auch mithalten. Im Test der US-Autozeitschrift *Car & Driver* schnellte er in 7,2 Sekunden von 0 auf 96 km/h und erreichte eine (abgeregelte) Höchstgeschwindigkeit von 177 km/h. Wenn er nach Deutschland kommt, und das wird er bestimmt, dürfte die Abregelung wohl später erfolgen. Ob Stadt oder Gelände, der neue Gladiator macht eine eindrucksvolle Figur. Es ist ihm zu wünschen, dass er mehr Erfolg hat als seine Vorgänger.

STUDEBAKER

Vergangen, aber nicht vergessen

Die Geschichte der US-Automarke Studebaker begann im Februar 1852, als die Brüder Henry und Clem Studebaker in South Bend, Indiana, eine Schmiede eröffneten. Sie beschränkten sich nicht aufs Pferdebeschlagen, sondern bauten gleich im ersten Geschäftsjahr zwei Kutschen, die sie an Farmer aus der Nachbarschaft verkauften. Aus diesen bescheidenen Anfängen erwuchs bis 1876 der größte Kutschenhersteller der Welt.

Gegen Ende des 19. Jahrhunderts begannen die Studebakers mit dem Automobilbau zu experimentieren. 1902 brachten sie ihren ersten Wagen heraus, ein Modell mit Elektromotor. 1904 folgte eins mit Benzinmotor. Nach der Fusion der Studebaker Bros. Manufacturing Co. mit der EMF Co. im Jahre 1911 hieß das neue Unternehmen Studebaker Corporation und wandte sich uneingeschränkt dem Bau von Automobilen zu.

Die ersten Studebaker-Nutzfahrzeuge kamen bereits vor dem Ersten Weltkrieg heraus, aber es sollte noch bis 1937 dauern, bis das Unternehmen voll und dauerhaft Pickups produzierte, wie sie in den Rahmen dieses Buches gehören, also Light Duty Trucks mit Ladekapazitäten bis zu einer Tonne. Der allererste war der 1937 vorgestellte Coupe Express, der von einem werkseigenen Pkw-Modell mit dem etwas unglücklichen Namen Dictator abgeleitet war.

Im Prinzip war der 4,90 Meter lange Pickup ein normales Coupé mit aufgesetzter Ladefläche hinter der dreisitzigen Fahrerkabine. Diese Ladefläche war 1,82 Meter lang und für eine Zuladung von einer halben Tonne zugelassen. Der Motor war Studebakers Standard-Reihensechszylinder mit 3,6 Litern Hubraum und 86 PS, verbunden mit einem Dreigang-Schaltgetriebe, auf Wunsch mit Overdrive (= Schnellgang). Der 647 Dollar teure Coupe Express verkaufte sich im ersten Jahr 3125 Mal und blieb bis 1939 im Programm.

Erst 1941 debütierte die neue Truck-Generation des

▼ Zu den aufpreispflichtigen Extras des 1937er Coupe Express gehören Radio, Heizung, Zeituhr, Lederbezug für die Sitzbank, Zigarettenanzünder und ein abschließbarer Tankdeckel.

▲ 1947 baut Studebaker insgesamt 67.811 Lkw aller Gewichtsklassen, mehr als seit Beginn der Nutzfahrzeugproduktion bis Kriegsbeginn insgesamt.

Hauses, die M-Serie, die nicht von einem Pkw-Modell abgeleitet, sondern eine eigenständige Konstruktion war. Die Produktion wurde aber bereits im Jahr darauf wegen des Eintritts der USA in den Zweiten Weltkrieg gestoppt, damit Studebaker, wie alle anderen Autohersteller des Landes, seine Kapazitäten in den Dienst der Rüstungsindustrie stellen konnte. Genau wie die Konkurrenz kam Studebaker nach Ende des Krieges zu Beginn des Modelljahres 1946 mit praktisch unveränderten Vorkriegsmodellen heraus. Im Pickup-Bereich war das der M5, hier ein 1947er.

Gegenüber der Vorgängergeneration von 1937 bis 1939 hatte der M5 etwas an physischer Präsenz eingebüßt. Der Radstand war von 2946 auf 2870 mm geschrumpft, die Länge hatte auf 4,60 Meter abgenommen. Der Motor war von Studebakers kleinem Pkw-Modell Champion übernommen worden, ein seitengesteuerter 2,8-Liter-Reihensechszylinder mit 80 PS. Gewonnen hatte der M5 jedoch an Nutzwert, denn seine Ladefläche war 1,98 Meter lang und 1,23 Meter breit und bot somit mehr Stauraum. Die Kundschaft wusste das zu schätzen: 23.377 M5-Pickups wurden 1947 verkauft. Die meisten hatten das serienmäßige Dreigang-Schaltgetriebe mit Lenkstockhebel, einige aber auch das optional erhältliche Viergang-Getriebe mit Schaltknüppel.

1949 war ein so genanntes „milestone year“: Praktisch alle US-Autohersteller kamen mit ihren ersten wirklich neuen Modellen heraus, die keine aufgewärmten Vorkriegsautos mehr waren. Studebaker machte da keine Ausnahme und stellte den Nachfolger des M5, genannt 2R, vor. Das Design sollte bis 1960 über diverse Modellpflegen und Umbenennungen im Bau bleiben.

Mit der neuen Serie war das Modellangebot gewachsen. Zusätzlich zum Halbtonner war 1949 ein Dreivierteltonner eingeführt worden. Der Halbtonner hatte 2845 mm Radstand, 4714 mm Länge und 1920 mm Breite, der Dreivierteltonner dagegen war 5171 mm lang bei einem Radstand von 3098 mm. Beide arbeiteten mit dem gleichen Motor wie der M5. Ergänzend gab es Chassis & Cab-Modelle ohne Aufbauten hinter dem Fahrerhaus für Sonderkarosserien von Nachrüstern.

1955 ging Studebaker erst recht in die Offensive: In jenem Jahr gab es zwei bedeutende Neuheiten in den mittlerweile als E-Serie bezeichneten Trucks. Die erste

► Die brandneuen Studebaker-Trucks des Jahres 1949 wurden sowohl im Stammwerk in South Bend, Indiana, als auch in der kanadischen Firmendependance in Hamilton, Ontario, gebaut. Die dortige Pickup-Produktion wurde zwar 1955 eingestellt, allerdings rollten die letzten Studebakers überhaupt im Jahre 1966 in dieser Fabrik vom Band.

Studebaker Presents
NEW 1949
2R-5 AND 2R-10 SERIES TRUCKS

▲ Der 1955er Studebaker E7 trägt zwar kanadische Nummernschilder, stammt aber nicht aus Studebakers kanadischer Fabrik in Hamilton, Ontario, denn die Truck-Produktion wird dort 1955 nach 256 E-Pickups, alle mit Sechszylindern, eingestellt. Der E7 ist ein V8-Modell.

Neuheit war ein moderner, optional erhältlicher V8, den Studebaker selbst entwickelt und schon zwei Jahre zuvor in seinen Pkw angeboten hatte, sehr zum Genuss des US-Publikums, das sich an Achtzylinder-V-Motoren gewöhnte und nach mehr verlangte.

Studebakers V8 für die E-Serie (oder E Series auf Englisch) hatte 3,7 Liter Hubraum und leistete 140 SAE-PS. Der weiter angebotene Sechszylinder war nun 3,0 Liter groß und drückte 92 SAE-PS auf die Kurbelwelle. Die zweite Neuerung des Jahres war das erste Automatikgetriebe in einem Studebaker-Truck. Unter der Bezeichnung „Automatic Drive“ war es gegen Aufpreis zu haben, aber nur in Kombination mit dem V8. Die Pickups waren leicht an ihren Modellbezeichnungen zu erkennen: E5 war ein Halbtonner mit Sechs-, E7 der gleiche Pickup mit Achtzylinder. Das gleiche galt für die Dreivierteltonner E10 und E12.

Die Folgejahre waren nicht gut für Studebaker. Unter dem Konkurrenzdruck durch die Großen Drei, General Motors, Ford und Chrysler, hatte sich das vergleichsweise kleine Unternehmen aus South Bend zur Fusion mit dem angeschlagenen Luxusautomobilhersteller Packard entschlossen. Das Management der im Oktober 1954 gegründeten Studebaker-Packard Corporation erhoffte sich, wie man heute sagen würde, Synergieeffekte und damit substantielle Kostenersparnis. Die Hoffnung erwies sich als trügerisch. Der neue unabhängige Automobilhersteller verlor vom ersten Tag an Geld. Modellpflege und -weiterentwicklung blieben auf der Strecke.

Während die Wettbewerber Chevrolet, Ford und Dodge ihre Pickup-Reihen ständig um neue Modelle, Motoren und attraktive Extras bereicherten, konnte sich Studebaker 1956 nur ein bescheidenes Facelifting für die Trucks leisten und die Umbenennung in Transtar. 1957 gab es größere Motoren, einen 4,0-Liter-Sechszylinder mit 106 SAE-PS und einen 4,2-Liter-V8 mit 170 SAE-PS. 1958 erschien zum ersten Mal Allradantrieb auf der Aufpreisliste. Die Produktionszahlen sanken trotzdem weiter, während die Kosten stiegen. 1957 wurden noch 11.185 Studebaker-Trucks gebaut, 1958 waren es gerade einmal 7085.

Im Herbst 1958 brachte das Unternehmen, das sich soeben der Marke Packard entledigt hatte, ein neues kompaktes Pkw-Modell namens Lark heraus, das sich gut verkaufte und wieder etwas Geld in die leeren Kassen spülte. Dieses zusätzliche Kapital ermöglichte die sichtbare Erneuerung der Trucks. Studebaker bediente sich einer Idee, die 1937 schon einmal funktioniert hatte, als der Coupé Express herauskam: ein Pkw als Pickup. Dafür nahm man die Karosserie eines Lark-Viertürers, schnitt sie hinter der B-Säule ab und montierte sie auf ein Truck-Chassis mit bereits vorhandener Ladefläche.

Ab 1960 deckte also der Studebaker Champ die Klasse der Halb- und Dreivierteltonner ab. Nach wie vor gab es zwei Radstände, 2845 und 3098 mm, mit Gesamtlängen von 4,57 und 5,02 Metern. Zwei seitengesteuerte Sechszylinder (2,8 Liter, 90 SAE-PS, und 4,0 Liter, 118 SAE-PS) und zwei OHV-V8 (4,2 Liter, 180 SAE-PS, und 4,8 Liter, 210 und 225 SAE-PS) standen im Angebot, dazu Dreigang- und Viergang-Schaltgetriebe, Dreigang-Automatikgetriebe, jetzt unter dem Namen Flightomatic, Allradantrieb, Sperrdifferenzial und vieles mehr.

1961 wurde der uralte seitengesteuerte Sechszylinder durch einen 2,8-Liter mit hängenden Ventilen (OHV-Technik) ersetzt. Ein neuer Karosseriestil namens Spaceside mit integrierten hinteren Kotflügeln kam ebenfalls 1961 heraus. Am Ende half alles nichts. Studebaker, notorisch kapitalschwach, erholte sich nie von dem mörderischen Konkurrenzkampf, den ihm die großen Rivalen in den Fünfzigern aufgezwungen hatten. Die Nutzfahrzeugproduktion wurde noch während des Modelljahres 1964 eingestellt, die Pkw-Herstellung lief noch zwei Jahre weiter im kanadischen Studebaker-Werk in Hamilton, Ontario, bevor auch dort die Lichter ausgingen.

▼ Die 1960 vorgestellte Modellreihe Champ kann Studebakers Pickup-Produktion nicht retten. Frühe Modelle rosten schnell, und der neue OHV-Sechszylinder leidet unter Rissbildung an den Ventilsitzen.

DACIA

Der Franko-Rumäne

Der 1952 gegründete Zulieferbetrieb UAP für die rumänische Lkw-Industrie ist seit 1968 auch Pkw-Hersteller. Im Jahr zuvor hatte Renault geholfen, das Werk entsprechend auszubauen. Zunächst wurde in Lizenz der Renault 8 gebaut - der Dacia 1100. Später avancierte der 1300er, ein Lizenbau des R 12, zum rumänischen Volkswagen. Heute gehört Dacia zu den bekanntesten Automarken in Deutschland und die Fahrzeuge des südosteuropäischen Herstellers genießen den Ruf, viel Auto für wenig Geld zu bieten.

Zum Modellangebot Dacias gehörten zumindest zeitweise auch Pickups, die hier nicht unerwähnt bleiben sollen. Da wäre zunächst der in Eigenregie entwickelte Kleinlaster, der 1975 debütierte. Er basierte auf der 1300-Limousine, hieß Dacia 1302 und blieb bis 1982 im Programm. Sein Nachfolger, der 1304, stand von da an bis 2006 zur Verfügung.
Es handelte sich um einen klassischen kompakten Zweitürer (Regular Cab) von 4,67 Metern Länge und 1,63 Meter Breite. Ergänzt wurde er ab 1983 um eine

Variante mit herabklappbaren Seitenwänden an der Ladefläche (Drop Side) und ab 1992 durch den 1307 Double Cab, einen Viertürer mit langer und den 1309, einen Viertürer mit kurzer Ladefläche. 1994 kam dann noch der 1304 King Cab dazu, ein Zweitürer mit verlängerter Kabine.
Für den Antrieb während der 31 Produktionsjahre sorgten Vierzylinder-Benzinmotoren von 1,3, 1,4 oder 1,6 Litern Hubraum mit 55, 63 und 73 PS sowie ein Diesel-Vierzylinder von Renault mit 1,9 Litern Hubraum und 63 PS von 2004-2006, gekoppelt mit einem 4-, später mit einem 5-Gang-Schaltgetriebe. Interessant war auch, dass der Dacia Pickup nicht nur mit Heckantrieb geliefert werden konnte, sondern in einer speziellen Ausführung, dem 1305, mit Frontantrieb ausgestattet war. Der in den letzten Produktionsjahren angebotene Renault-Diesel konnte auch mit einem zuschaltbaren Allradantrieb kombiniert werden. 318.969 Exemplare des Dacia Pickup wurden von 1975 bis 2006 hergestellt.
Zu Beginn des 21. Jahrhunderts hatte sich die Kooperation zwischen Dacia und Renault so intensiviert, dass Dacia in großem Stil auch in Westeuropa angeboten wurde, und das zu Kampfpreisen. Der Logan, das erste Resultat gemeinsamer Entwicklungsarbeit der beiden Autohersteller, kam 2004 auf den Markt und wurde als einziger in Deutschland verkaufter Neuwagen für unter 10.000 Euro angeboten. Die Pickup-Version wurde 2008 in Osteuropa eingeführt und kam ein Jahr später auch in Deutschland auf den Markt.
Anders als der Vorläufer kam der Logan mit einem Querstrommotor und Frontantrieb daher, Allradantrieb gab es nicht. Der knapp viereinhalb Meter lange und 1,73 Meter breite Pickup bediente sich großzügig aus dem Renault-Baukasten, vor allem bei Motor und Getriebe, und verzichtete bewusst auf heutzutage eigentlich selbstverständliche, aber letztlich unnötige Ausstattungsdetails wie elektrische Fensterheber, Zentralverriegelung und Klimaanlage, die nur gegen Aufpreis zu haben waren. Stattdessen erhielt der kostenbewusste Käufer ein einfaches, aber robustes Arbeitstier mit einer Ladefläche von 1,80 x 1,30 Metern und einer Nutzlast von immerhin 725 Kilogramm. Der 1,6-Liter-Vierzylinder-Benziner leistete 84 PS, der 1,5-Liter-Vierzylinder-Common-Rail-Diesel 68 bis 88 PS. Der Dacia Logan Pickup wurde bis Juni 2012 produziert. Rufe nach einer offiziellen Pickup-Version des heutigen Erfolgsmodells Duster, die in einer Privatfirma in Rumänien tatsächlich produziert wird, blieben bislang ungehört.

◀ Der Dacia Logan, der die Basis für den Pickup liefert, ist mit den Renault-Modellen Symbol und Thalia verwandt. 2012 werden europaweit 34.031 Logans aller Typen verkauft.

▲ Der Dacia Pickup wird auch exportiert, nicht zuletzt um kostbare Devisen in die Kasse des notorisch klammen Rumäniens zu spülen. Exportmodelle laufen unter den Namen Dacia Gamma oder Shifter.

FIAT

Auch die Kleinen wollen nach oben

Auch der größte italienische Automobilhersteller hat sich immer wieder auf dem Gebiet der Pickups betätigt und tut es bis heute. Das aktuelle Angebot nennt sich Fiat Fullback, basiert allerdings auf dem Mitsubishi L200 und muss daher hier nicht noch einmal vorgestellt werden. Es gibt jedoch einige historische Fiat-Pickups, die Erwähnung finden sollen:
Da wäre zum ersten der Fiat 238 zu nennen, ein 1967

vorgestellter Kleinbus – heute würde man Minivan sagen – der auch als Pickup zu haben war. Der Fiat 238 hatte einen separaten Chassisrahmen und war frontgetrieben, wodurch der bei heckgetriebenen Fahrzeugen übliche massive Wellentunnel entlang der Längsachse des Wagens entfiel und ein langer, flacher Wagenboden entstand.

Diese Konstruktion begünstigte den Einsatz unterschiedlichster Aufbauten für alle Arten von Zwecken. So wurde der 238 oft als Ambulanzfahrzeug benutzt, aber natürlich nicht in der Pickup-Variante. Sie eignete sich eher für den gewerblichen Einsatz, zum Beispiel im Bauwesen als Kleintransporter für Mannschaften und ihr Arbeitsmaterial. Zugang zur Rücksitzbank gewährte eine dritte Tür auf der Beifahrerseite. Bei einem Radstand von 2400 mm war der Fiat 4,60 Meter lang und 1,83 breit. Das Leergewicht betrug 975 kg, die Zuladung eine halbe Tonne.

Fürs Fortkommen sorgte eine etwas abgespeckte Ausführung des 1,2-Liter-Vierzylinder-Benziners aus dem Fiat 124, die im 238 nicht 66, sondern nur 44 PS leistete. Ab 1974 gab es zusätzlich einen 1,4-Liter-Vierzylinder, ebenfalls ein Benziner, mit 46 PS und mehr Drehmoment. Der Fiat 238 wurde parallel zum Modell 242 gebaut, ein Lieferwagen und Kleinbus, der 1974 auf den Markt kam und eigentlich als Nachfolger für den 238 gedacht war. Dank guter Verkaufszahlen blieb der 238 noch bis 1983 im Programm, um schließlich vom Fiat Ducato ersetzt zu werden.

► Fiat Fiorinos für den südamerikanischen Markt werden auch mit einem Flex Fuel-Motor angeboten, der den Betrieb mit Ethanol ermöglichte. Es wird aus dem in Brasilien weit verbreiteten Zuckerrohr gewonnen.

◄ Die genau Zahl von Pickups, die auf Basis des Fiat 238 entstehen, ist unbekannt, aber ein Massenphänomen dürfte er nicht gewesen sein.

Fiorino: Ein Florentiner aus Brasilien

▲ Der Name der Modellreihe Fiat Fiorino geht auf den Florin zurück, eine Goldmünze aus dem Florenz der Renaissance. 78.459 Pickups der ersten Generation werden bis 1988 in Brasilien hergestellt.

Ein Pickup ganz anderer Bauart ist der Fiat Fiorino. Er war die Nutzfahrzeugausführung des Fiat 127, eines 1971 vorgestellten Kleinwagens mit selbsttragender Karosserie, Querstrommotor und Frontantrieb. Zunächst war der Fiorino, der ab Ende 1977 in Turin, ab 1980 aber auch in Fiats brasilianischem Werk hergestellt wurde, nur als Kastenwagen oder Kombi zu haben. Unter Automobilisten herrscht Uneinigkeit darüber, wann genau der Fiorino als Pickup herauskam. Manche Quellen geben das Jahr 1977 an, in dem ein Pickup unter dem Namen Fiat 147 City in Brasilien auf den Markt kam, andere sprechen vom Jahr 1980. Unbestritten ist, dass der 3,83 Meter lange und 1,65 Meter breite Fiorino anfangs mit einem 45 PS starken Vierzylinder-Benziner mit gerade einmal 903 Kubikzentimetern zurechtkommen musste. Damit sollte eine Höchstgeschwindigkeit von 125 km/h möglich sein. Ein 1,0-Liter-Vierzylinder-Benziner mit 50 PS und obenliegender Nockenwelle trat schon bald an die Stelle des kleinen Ottomotors. Dieselliebhaber mussten bis 1981 warten, als ein 1,3-Liter-Vierzylinder mit 45 PS das Motorenangebot abrundete.

Die erste Generation des Fiorino wurde bis 1987 gebaut. Ihr folgte ab 1988 die nächste Modellgeneration, diesmal auf Basis von Fiats bekanntem und beliebtem Kleinwagen Uno. Der Fiorino wuchs durch den Modellwechsel auf eine Länge von 4,16 Meter und eine Breite von 1,62 Meter. Das Wachstum betraf allerdings auch das Wagengewicht, das von 870 auf 995 kg anschwoll. Bereits 1992 kam die zweite Generation auf Basis des brasilianischen Uno. Später kamen ein längerer Radstand (2580 mm) hinzu und etliche neue Extras, die den Bedienkomfort verbessern sollten wie etwa Servolenkung, Zentralverriegelung oder elektrische Fensterheber. Fiorino-Pickups für den Export nach Europa wurden entweder von einem 1,2- oder einem 1,8-Liter-Vierzylinder-Benziner angetrieben oder einem 1,7-Liter-Vierzylinder-Diesel mit 57 PS. Auf ihrem Heimatmarkt in Südamerika gab es die Fiorinos auch mit Einliter- und 1,5-Liter-Benzinern. Die Kraftübertragung besorgten auf beiden Kontinenten ein Vier- oder ein Fünfgang-Schaltgetriebe. Der Verkauf des Fiorino Pickups endete in Europa im Dezember 2000, während er in Südamerika noch bis 2013 weiterlief.

◀ Die zweite Generation des Fiat Fiorino wird ebenfalls in Brasilien gebaut. 206.302 Pickups entstehen von 1988 bis 2013. Der Export nach Europa endet bereits im Jahr 2000.

HOLDEN

Durch und durch australisch

Allzuviele werden mit dem Namen Holden nicht viel anfangen können. Ältere erinnern sich vielleicht an den US-Schauspieler William Holden („Boulevard der Dämmerung", „Sabrina", „Network"). Mit ihm hat dieses Kapitel nichts zu tun, sondern mit der australischen Automarke gleichen Namens. Gegründet wurde sie 1856 von James Alexander Holden zur Herstellung von Sattelzeug. 1908 wandte sich Enkel Sir Edward Holden dem Automobilbau zu. Das Unternehmen spezialisierte sich auf den Karosseriebau für eine Reihe von Herstellern, darunter Ford, General Motors, Austin, Hillman und Chrysler.

So richtig los ging's aber erst 1931, als Holden mit der australischen Dependance der General Motors Corporation fusionierte und zu General Motors – Holden's Ltd. wurde. Die Aufgabe der Firma bestand weiterhin darin, importierte GM-Fahrzeuge aus Nordamerika (Chevrolet, Pontiac, Buick) und Europa (Vauxhall) in Australien mit Karosserien zu versehen und zu montieren. Die Karosserien waren denen der Herkunftsländer sehr ähnlich, aber nicht zwangsläufig identisch.

Das Holden-Management war mit diesem Arrangement höchst unzufrieden und schon bald begann man in Detroit zu antichambrieren, um den Granden des

Mutterkonzerns den Gedanken an ein eigenständiges australisches Produkt schmackhaft zu machen. Diese Pläne lagen während des Zweiten Weltkrieges auf Eis, da die Australier den größten Teil ihrer Wirtschaftskraft und der Männer einsetzen mussten, um den Briten in Europa und Nordafrika zu helfen, während ihr eigenes Land ab Winter 1941 von den Japanern bedroht wurde, die eine Zeitlang kurz vor der Eroberung des Kontinents standen.

1948 war es schließlich soweit, dass „Australia's Own Car" lanciert werden konnte, schlicht „Holden" benannt nach dem Firmengründer und werksintern mit dem Kürzel FX versehen. Auch spätere Modelle wurden mit solchen Kürzeln versehen, die der Kennzeichnung der Modellgenerationen dienten. Der Holden war technisch zeitgemäß mit selbsttragender Karosserie und vorderer Einzelradaufhängung mit Schraubenfedern, hinterer Starrachse mit Blattfedern und selbstverständlich Trommelbremsen rundum. Der Limousine folgte im Januar 1951 das Holden Coupe Utility, ein Pkw-Pickup wie der Ford Falcon Ute und diverse australische Chevrolets mit Holden-Karosserien seit den 1930er Jahren.

Der Holden durfte für sich in Anspruch nehmen, der erste wirklich ur-australische Pickup zu sein, obwohl sich das Erscheinungsbild stark an den US-Chevrolets orientierte. Den lokalen Marktbedingungen entsprechend, war der Holden kleiner und leichter als das US-Vorbild: Radstand 2,62 Meter, Länge 4,40 Meter, Breite 1,70 Meter, Gewicht knapp über einer Tonne. Für den Antrieb sorgte ein Reihensechszylinder mit 2,2 Litern Hubraum und 60 SAE-PS, verbunden mit einem Dreigang-Schaltgetriebe. 120 km/h Höchstgeschwindigkeit waren da das Äußerste, natürlich ohne Zuladung. Für eine Reisegeschwindigkeit von 100 km/h reichte es allemal, und mit durchschnittlich 10 l/100 km war der Holden nicht einmal ein Spritsäufer, zumindest nach den Maßstäben seiner Zeit. Die Nachfrage nach dem Ute war so groß, dass vor dem Ende des ersten Angebotsjahres 1951 auf einer Warteliste die Namen von 70.000 Käufern standen. Leicht modellgepflegt, vor allem am Kühlergesicht,

◀ Der erste Holden wird von 1948 bis 1953 nahezu unverändert gebaut. Die Pickup-Version kommt 1951 heraus und wird zum alltäglichen Anblick im australischen Hinterland.

▲ Pünktlich zum Modellwechsel im Jahre 1953 kommt der der Holden FJ heraus, und dem Pickup und der Limousine wird eine dritte Karosserieversion hinzugefügt, ein geschlossener Lieferwagen.

▲ Zwischen dem Holden FJ, der bis 1956 gebaut wird, und dem hier gezeigten Holden EK, der 1961 herauskommt, liegen die Modellgenerationen FC (bis 1957), FE (bis 1959) und FB (1960).

präsentierte sich der Holden FJ Ute, der von 1953 bis 56 gebaut wurde. Es begann das Goldene Zeitalter Holdens, in dessen Verlauf die Marke einen Marktanteil von gut 50 Prozent in Australien erreichte und ab 1954 sogar Fahrzeuge exportierte, etwa nach Neuseeland und Südafrika.
Der Holden EK Ute kam 1961 heraus und war eine nur geringfügig veränderte Version des Vorläufers Holden FB. Sie glänzte vor allem mit einem neuen Kühlergrill und dem neuerdings verfügbaren HydraMatic-Automatikgetriebe, das aus den USA importiert wurde. Der Motor war eine auf 2,3 Liter Hubraum vergrößerte Ausführung des bekannten Sechszylinders mit nunmehr 75 SAE-PS und wurde vom FB übernommen.
Der nächsten Modellgeneration gehörte der Holden EH Ute von 1963 an, der hier in einem geradezu klischeehaft australischen Ambiente komplett mit Schafherde zu sehen ist. Die Weiterentwicklung des im Jahr zuvor eingeführten Holden EJ brillierte mit einem völlig neuen Sechszylinder, der 101 SAE-PS aus 2,4 Litern Hubraum herausquetschte. Wem das nicht genügte, der konnte auf eine größere und stärkere Ausführung des gleichen Motors zurückgreifen, einen 2,9-Liter-Reihensechszylinder, der 117 SAE-PS bot.
Ebenfalls neu waren stärkere Trommelbremsen mit größerer Bremsfläche. Die konnte der EH Ute auch gut gebrauchen, denn der Radstand war mittlerweile auf 2,67 Meter angewachsen, die Länge auf 4,51 Meter und auch das Gewicht war nicht weniger geworden. Diese Modellgeneration wurde bis Anfang 1965 gebaut, um

▲ Der Holden HD von 1965 ist auch in einer leistungsstärkeren Version mit dem Code X2 erhältlich. Der 2,9-Liter-Reihensechszylinder leistet 140 SAE-PS, womit der Pickup 170 km/h Höchstgeschwindigkeit erreicht.

▲ Den Holden HG Ute von 1971 gibt es auf Wunsch mit dem neuen Tri-Matic-Automatikgetriebe, das ab sofort die alte Powerglide-Getriebeautomatik ersetzt.

vom radikal neu gestalteten HD Ute abgelöst zu werden. Diese Generation erhielt das zweigängige Powerglide-Automatikgetriebe von Konzernschwester Chevrolet anstelle der bisher angebotenen HydraMatic. Der 2,9-Liter-Motor war nun auch mit 140 SAE-PS erhältlich, was angesichts des erneut gewachsenen Leergewichts von rund 1,2 Tonnen durchaus Sinn ergab.
Schneller Vorlauf in das Jahr 1970, als der Holden HG Ute im Programm war. Holden hatte sich zu diesem Zeitpunkt bereits ausdifferenziert und bot zwei separate Baureihen an, den kompakten Torana, abgeleitet vom britischen Vauxhall Viva, und den Monaro, mit dem auch der HG Ute eng verwandt war. Basierend auf den Vorläufermodellen HK (1968) und HT (1969), bot der HG mehr Auswahl für den Kunden als je zuvor. Es gab zwei Ausstattungsvarianten, Belmont und Kingswood (abgebildet) und fünf Motoren, 2,6- und 3,0-Liter-Sechszylinder mit 116 respektive 147 SAE-PS sowie 4,1-, 5,0- und 5,7-Liter-V8 mit 188, 213 und 304 SAE-PS.
Die beiden kleineren V8 waren übrigens australische Weiterentwicklungen des Chevrolet Small Block, die es nicht in den USA zu kaufen gab. Lediglich der 5,7-Liter entsprach seinem amerikanischen Gegenstück. V8-Utes waren übrigens ab 1971 serienmäßig mit Scheibenbremsen an der Vorderachse ausgestattet. Äußerlich blieben sie dem konzerntypischen Styling treu, das die europäischen GM-Modelle von Vauxhall und Opel ebenso ausmachte wie die US-Autos. Ein unverwechselbares, unternehmensspezifisches Design war ohne die nivellierende Wirkung des Windkanals natürlich deutlich leichter zu schaffen als heutzutage, da – sicher nicht nur nach Meinung des Autors – alle Autos irgendwie gleich aussehen.
Aber werfen wir lieber einen Blick auf den Holden HQ Kingswood Ute, der im Laufe des Modelljahres 1971 den HG ablöste. Mit dem wuchtigeren HQ beschritt das Unternehmen wirklich neue Wege, denn zum ersten Mal seit der Einführung eines eigenen Fahrzeuges im Jahre 1948 wurde das Produkt von Grund auf neu konstruiert. Die bis dahin verwendete und stets weiterentwickelte selbsttragende Karosserie wich einer traditionellen Kastenrahmen-Konstruktion. Limousinen und Kombis erhielten außerdem ein neues Fahrwerk mit Schraubenfedern vorne und hinten, während der Ute seine Blattfedern an der Hinterachse behielt. Diese Fahrwerksauslegung wurde und wird bei Nutzfahrzeugen wegen ihrer Schlicht- und Robustheit bevorzugt.
Der Ute übernahm allerdings den längeren Radstand des HQ-Kombis von 2900 mm, 10 Zentimeter mehr als bei der Limousine, und war somit 4,80 Meter lang. „Bigger is better" galt auch in Australien, wie man sieht. Um die knapp 1,4 Tonnen Gewicht (ohne Zuladung) des Ute bewegen zu können, standen weiterhin zwei

◄ Als 1963 der Holden EH Ute auf den Markt kommt, beschäftigt das Unternehmen fast 20.000 Leute und produziert nicht nur für den nationalen Markt, sondern exportiert auch in 17 Länder in Südostasien und Afrika.

▲ Ein 1972er Holden HQ Kingswood Ute. Der Name stammt von einem US-Modell des Hauses General Motors, dem Kombi Chevrolet Kingswood.

Ausführungen des Holden-Sechszylinders mit 2,8 und 3,3 Litern Hubraum und 118 respektive 135 PS zur Verfügung, außerdem die beiden lokalen V8-Versionen (4,2 und 5,0 Liter Hubraum, 185 und 240 PS) sowie der importierte Chevrolet-V8 mit 5,7 Litern und 275 PS. Dazu gab es ein Dreigang- und ein Viergang-Schaltgetriebe sowie eine Dreigang-Automatik, die sich auch in Australien wachsender Beliebtheit erfreute.
Anfang der 1970er Jahre hatte Holden den Gipfel seines Erfolges erklommen. Sämtliche Fahrzeugmodelle wurden in Australien entwickelt und gebaut. Bis zum Modellwechsel 1974 wurden 485.650 HQ in den vier Holden-Werken in den Bundesstaaten Südaustralien, Victoria, New South Wales und Queensland gebaut. Der Anteil der Utes an der Gesamtproduktion ist nicht bekannt, aber der Holden HQ war der erfolgreichste Holden aller Zeiten. Die Plattform blieb mit mehr oder weniger umfangreichen modellpflegerischen Maßnahmen bis 1984 im Bau.
Unser nächster Zeitsprung führt ins Jahr 1990, als der Holden VG Ute herauskam. Nach der Einstellung des HQ und seiner Nachfolger hatte es ein paar Jahre lang keinen Holden in Ute-Ausführung gegeben. Erst mit Beginn der 1990er entschloss man sich, die Nachfrage der Kundschaft zu befriedigen und erneut einen Pkw-basierten Pickup herauszubringen. Der VG basierte auf dem Holden Commodore, der 1978 erstmals auf dem australischen Markt auftauchte. Wer bei dem Namen an Opel denkt, liegt vollkommen richtig, denn die australische Variante unterschied sich zunächst kaum von ihrem europäischen Vorbild, dem Opel Rekord E.
Auf dem fünften Kontinent wurde die Plattform danach stetig weiterentwickelt, selbst als sie in Europa schon längst verschwunden war. Der VG Ute war ein Ableger des Holden Commodore VN, der 1988 aus einem australischen Entwicklungsprojekt hervorgegangen war, bei dem die Opel-Modelle Omega und Senator kombiniert und technisch aufgewertet wurde. Das Projekt, das 200 Millionen australische Dollar gekostet hatte, sollte die ursprünglich aus Deutschland und dem Jahr 1966 stammende Plattform, von GM V genannt, zukunftsfest machen.
Der Commodore und somit auch der VG Ute brauchten sich nicht mit mickrigen Vierzylindern zu begnügen, denn in Australien lief der VG serienmäßig mit einem 3,8-Liter-V6, den Holden von GMs US-Division Buick übernahm und später selbst baute, sowie dem werkseigenen 5,0-Liter-V8. Mit 4,89 Metern war der Ute noch einmal länger als sein Vorgänger, kehrte aber Kraft seiner europäischen DNS zur selbsttragenden Karosserie zurück.
Auf ein und derselben, vor allem motortechnisch aufgewerteten Plattform basierte der Holden VS Ute, der 1995 debütierte und bis 2000 gebaut wurde. Die Modellpflege konzentrierte sich vor allem auf den Buick/Holden-V6, der nun 205 PS leistete und darüber hinaus in einer Version mit Kompressor angeboten wurde, die es auf 221 PS brachte. Bei GM trug der V6

▲ Der Holden VG Ute ist der erste seiner Art seit 1984, als der bis dahin letzte auf dem Holden HQ basierende Pickup vom Band gelaufen war. Die Nachfrage nach dem Ute ist groß genug für eine modernere Neuauflage.

nun den Namenszusatz „Ecotec", eine Zusammenziehung von Emissions and Consumption Optimisation through TEChnology (Emissions- und Verbrauchsoptimierung durch Technologie). Dabei wurden neue Werkstoffe für den Motorblock, die Zylinderköpfe und die Ansaug- und Auspuffkrümmer eingesetzt, um den Kraftstofffluss durch weniger Reibungsverluste im Motor zu verbessern.
Dank dem geschmeidigen serienmäßigen 4L60-E-Automatikgetriebe mit vier Vorwärtsgängen, das auch in anderen GM-Produkten weltweit eingebaut wurde, war der Ute stärker und schneller denn je. Selbst der nach wie vor verfügbare Fünfliter-V8 brachte es auf gerade einmal 4 PS mehr. Das Leergewicht des 4,90 Meter langen Ute näherte sich immer mehr 1,5 Tonnen an, da waren ein paar Extra-PS auf keinen Fall fehl am Platz.
Stichwort PS: Der Holden VY II Crewman SS hatte davon reichlich, nämlich 328. 2003, das Jahr, in dem dieses Bild aufgenommen wurde, war das Geburtsjahr des Crewman, des ersten viertürigen Ute von Holden. Das zusätzliche Platzangebot in der Fahrerkabine verdankte sich dem von 2939 auf 3206 mm verlängerten Radstand, wurde allerdings mit einer merklich kürzeren Ladefläche erkauft: 1,46 statt 2,19 Meter. VY II steht übrigens für Phase 2 der 2002 vorgestellten VY-Modellgeneration und SS ist – natürlich – die Abkürzung für Super Sport, ein Kürzel, das bei GM-Produkten in den USA bereits seit 1961 immer wieder benutzt wurde, um

► Den Holden VS Ute, der von 1995 bis 2000 gebaut wird, treibt ein V6-Motor an, der ursprünglich von GMs US-Marke Buick 1962 auf den Markt gebracht wurde. Ab den 1980er Jahren wird er konzernweit erfolgreich eingesetzt.

besonders leistungsstarke Modelle zu adeln, Musclecars eben, die es nun auch in Australien gab.
Ebenfalls ein Super Sport war der 2006er Holden VZ SS Ute 6.0, der der Nachfolgegeneration des VY angehörte und von 2004 bis 2007 gebaut wurde. Die Modellpflege spielte sich wieder einmal vor allem unter der Motorhaube ab: Der Buick-V6, dessen Geschichte bis 1961 zurückreichte, konnte die verschärften Abgasvorschriften in den USA nicht mehr erfüllen, und so musste der alte Stößelstangenmotor aus Grauguss GMs neuem Alloytec V6 weichen, der konzernweit eingesetzt wurde, selbst in der Luxusmarke Cadillac.
Es handelte sich um einen Leichtmetallmotor mit doppelten obenliegenden Nockenwellen, der im VZ Ute 235 PS leistete und in Kombination mit einem 6-Gang-Schaltgetriebe Serienausstattung war. Der abgebildete Super Sport hingegen war mit dem aufpreispflichtigen 6,0-Liter-V8 ausgestattet, der die vierte Generation des allgegenwärtigen Chevrolet Small Block repräsentierte. 349 PS lagen an und wurden entweder mit einem 6-Gang-Schaltgetriebe oder einer 4-Gang-Getriebeautomatik auf die Straße gebracht. Anders als die Amerikaner bekamen die Holden-Käufer ihren V8 ohne Zylinderabschaltung und ohne variable Ventilsteuerung. Ob sie diese High-Tech-Goodies wohl vermisst haben?
Der VZ war der letzte Holden und der letzte Wagen weltweit, der auf der uralten deutschen V-Plattform von 1966 aufbaute. Der VE Ute, der 2007 herauskam, basierte auf der Zeta-Plattform, die von Holden für die gesamte General Motors Corporation entwickelt worden war. GM musste damals seine veralteten Frontantriebsplattformen ersetzen, hatte aber keinen Nachfolger an der Hand, zumindest nicht in Nordamerika oder Europa. Holden war die einzige GM-Tochter, die zu jener Zeit überhaupt Limousinen mit Heckantrieb baute und konnte so seine Expertise auf diesem Gebiet einbringen.
Für den Ute brachte das neue Fundament den Verlust des viertürigen Crewman und des bis dahin immer wieder angebotenen Chassis & Cab-Modells für Son-

▼ Auch aufregende, leistungsstarke Modelle wie der 2003er Holden VYII Crewman SS können nicht verhindern, dass Holden zu Beginn des Jahrhunderts seinen Spitzenplatz als meistverkaufte Marke Australiens an Toyota abgeben muss.

deraufbauten. Dennoch konnte sich der Holden VE Ute sehen lassen. Es handelte sich um einen SS-V mit dem serienmäßigen 6,0-Liter-V8 und nunmehr 362 PS.
So eindrucksvoll der neue Ute und sein Limousinenbruder auch daherkamen, ihre Existenz war immer stärker bedroht. Die Zeiten, in denen Holden den australischen Markt dominiert hatte, waren lange vorbei. Wie beim Rivalen Ford auch wurde die Automobilherstellung in Australien aufgrund der vergleichsweise hohen Lohnkosten bei einem relativ kleinen Markt zu teuer. Nachdem Ford bereits 2016 die Reißleine gezogen hatte, folgte Holden ein Jahr später. Im Oktober 2017 endete die Automobilproduktion in Australien. Holden beschäftigt heute nur noch etwa 180 Ingenieure, die für GM Forschungs- und Entwicklungsarbeit leisten und ist ansonsten Importeur von GM-Produkten aus den USA oder Europa, die in Australien unter dem Markennamen Holden vertrieben werden.

▲ Der Holden VZ SS Ute 6.0 und seine australischen Stallgefährten von 2006/2007 sind die letzten, die auf der Plattform des alten Opel Rekord aus dem Jahre 1966 aufbauen.

▼ Die Plattform des Holden VE Ute kommt zum Modelljahr 2008 als Ersatz für den VZ heraus und ist die erste von Grund auf neue Holden-Konstruktion seit 1971. Dieser Ute ist ein 2011er Modell.

ISUZU

Mit GM durch dick und dünn

Jahrhundertelang war Japan ein Inselstaat in selbst gewählter Isolation, der sich von den als verderblich angesehenen Einflüssen des Auslandes nach Kräften abzuschotten suchte. Als 1854 eine US-amerikanische Flotte unter Commodore Matthew Perry die Öffnung der japanischen Häfen mit militärischer Gewalt erzwang, wurde das Land plötzlich mit der Tatsache konfrontiert, dass es sich wissenschaftlich und technisch im Mittelalter befand, während sich der Rest der zivilisierten Welt industrialisiert hatte. Die Konfrontation mit Dampfschiffen, Kanonen und weiteren technischen Errungenschaften der Moderne erschütterte das Selbstverständnis der Japaner, die glaubten, eine einzigartige Kulturnation zu sein, die allen anderen überlegen war. Dieser Kulturschock zwang Japan, sich im Schnelldurchlauf Jahrhunderte technischen Fortschritts anzueignen, um das Land zu einer wettbewerbsfähigen Industrienation zu machen.

Zu diesen Bemühungen gehörte die Gründung der Ishiwakajima Motor Works Ltd. im Jahre 1916 mit dem Zweck, eine eigene japanische Automobilindustrie aufzubauen. Dank eines Kooperationsvertrags mit dem britischen Hersteller Wolseley, dessen Fahrzeuge in Japan in Lizenz gebaut werden sollten, lief 1922 das erste Auto vom Band. Nach einer Reorganisation im Jahre 1933 wurde das Unternehmen in Automobile Industries Ltd. umbenannt, dessen Produkte unter dem Namen Isuzu vermarktet wurden, was so viel wie „fünfzig Glocken" bedeutet. 1949 erhielt das Unternehmen als Ganzes den Namen Isuzu Motors Ltd.

Auf der Suche nach einem starken Partner – und nach einigen kurzlebigen Kooperationen mit in- und ausländischen Firmen – kamen im September 1971 Isuzu und General Motors zusammen, wobei GM zunächst 34 Prozent der Isuzu-Aktien erwarb. 1999 wurden es 49 Prozent, und General Motors hatte als größter Isuzu-Aktionär somit praktisch die Kontrolle über das Unternehmen. Von diesem Arrangement profitierten beide Partner praktisch sofort, denn Isuzu konnte nun das weltweite Händlernetz des damals immer noch größten Automobilherstellers der Welt nutzen. GM erhielt im Gegenzug den Isuzu Faster, einen kompakten Pickup, der in den USA ab 1972 unter dem Namen Chevrolet LUV Truck verkauft wurde und eine Lücke im Chevy-Angebot schloß. Von da an wurden Isuzu-Produkte auch in Europa oder Australien verkauft, mal unter eigenem Namen, mal unter GM-Marken wie Vauxhall, Bedford, Opel oder Holden.

Ein Paradebeispiel für solch weltumspannende Aktivitäten war der Faster. Wem dieser Pickup irgendwie bekannt vorkommt, der erinnert sich wahrscheinlich an den Opel Campo, die deutsche Ausführung. Unter sage und schreibe 24 verschiedenen Namen wurde der Isuzu-Truck auf allen fünf Kontinenten vermarktet; als TF lief er in Großbritannien. Diese dritte Modellgeneration wurde von 1988-2002 gebaut, in manchen Ländern sogar bis 2016.

Montagewerke gab es außer in Japan in China, auf den Philippinen, in Thailand, Kolumbien, Chile, den USA sowie in Tunesien und Portugal. Der Faster war als Single Cab, als Space Cab (Zweitürer mit Rücksitzbank) und als Double Cab (Viertürer) erhältlich. Die Kurzversion hatte einen Radstand von 2680 mm, die viertürige Langversion 3205 mm bei Gesamtlängen von 4,42 und 4,94 Metern. 17 Motoren oder Motorversionen trieben den Faster und seine Klone im Laufe ihrer Bauzeit an, vom 2,0-Liter-Vierzylinder bis zum 3,2-Liter-V6, wobei nicht jeder Motor in jedem Land oder zu jeder Zeit verfügbar war. Europäische Modelle wie TF oder Campo verwendeten meist einen 2,2-Liter-Vierzylinder-Benziner mit 136 PS oder einen gleich großen Turbodiesel mit 120 PS.

Der Nachfolger des Faster/TF/Campo etc. war der D-Max, der im Jahr 2002 herauskam und seither wie

▲ Der Isuzu TF wird weltweit unter den verschiedensten Namen verkauft. In Australien und Neuseeland heißt er Holden Rodeo, Isuzu Pika in China und Vauxhall Brava in Großbritannien.

sein Vorgänger praktisch überall auf der Welt unter verschiedenen Namen verkauft wird. Der D-Max verwendet dieselbe gemeinsam mit General Motors entwickelte Plattform wie der Chevrolet Colorado/GMC Canyon, ist aber nicht in allem mit den US-Trucks identisch. Weltpremiere feierte er in Thailand, wo er auch in großer Zahl hergestellt wird, ebenso wie in verschiedenen anderen Ländern, die ihre jeweiligen Märkte bedienen. Eines davon ist Portugal, wo der Isuzu Rodeo vom Band lief. Den Namen Rodeo trug der D-Max beispielsweise in Großbritannien, aber auch in Australien, wo er als Holden Rodeo angeboten wurde. Hier ist er als allradgetriebener Cab4, also als Viertürer mit fünf Sitzplätzen zu sehen. Er war aber auch als Zweitürer sowie als Chassis & Cab zu haben, sowohl in zwei- als auch in viertüriger Ausführung. Der Cab4 ruhte auf einem 3048 mm langen Radstand und war 4,93 Meter lang. Er bot einen vierzylindrigen 3,0-Liter-Common Rail-Diesel mit 146 PS oder einen 2,5-Liter-Vierzylinder-Diesel mit 116 PS, ein manuelles Fünfganggetriebe oder eine Viergang-Getriebeautomatik.

Damit wären wir beim aktuellen D-Max angekommen. Zum Modelljahr 2012 gab es einen Generationswechsel. Da wäre zum einen der 2017er Isuzu KB Single Cab. KB ist eine vom Faster übernommene Bezeichnung, die der D-Max in bestimmten Märkten in Afrika und Asien trägt. Wie zuvor ist der D-Max Schwestermodell des Chevy Colorado mit dem gleichen Rahmen, dem gleichen Fahrwerk und den gleichen Schwarzblechen, also der tragenden Karosseriestruktur.

Trotz äußerer Abweichungen sind D-Max und Colorado unschwer als enge Verwandte zu erkennen, unterscheiden sich jedoch beträchtlich in der Ausstattung, die an die Bedingungen der jeweiligen Märkte angepasst wird. Das macht sich vor allem bei der Motorisierung bemerkbar. Während der US-Amerikaner mit großen Sechszylindern und sogar V8-Motoren zu haben war und ist, begnügen sich Kunden in anderen Ländern mit kleinen Vierzylinder-Dieselmotoren.

In Deutschland gibt es den D-Max ausschließlich mit einem 163 PS starken Turbodiesel mit 1,9 Litern Hubraum, verbunden mit einem 6-Gang-Schaltgetriebe oder einer 6-Gang-Automatik gegen Aufpreis. Damit kann er bis zu 1261 kg Zuladung transportieren und bis zu 3,5 Tonnen Anhängelast ziehen, zumindest die Allradausführung. Ob Single Cab, Space Cab oder Double Cab, der Radstand bei allen D-Max-Ausführungen beträgt einheitliche 3095 mm, die Länge variiert je nach Ausführung zwischen 5,09 und 5,29 Meter.

Ein bislang auf den britischen Markt beschränktes Sondermodell ist der im Mai 2019 vorgestellte Isuzu D-Max XTR, der mit verbesserter Geländetauglichkeit überzeugen will. Neben den offensichtlichen optischen Alleinstellungsmerkmalen außen und innen wurde das Fahrwerk des XTR mit speziellen Federn und Stoßdämpfern versehen, dank derer der Pickup eine Bodenfreiheit von 250 mm erreicht, die abseits befestigter Wege von Vorteil ist und in der Stadt von

▼ Den 2007er Isuzu Rodeo alias D-Max gibt es auch in einer SUV-Ausführung namens MU-7, die allerdings nur in Thailand verkauft wird.

▲ Das europäische Pendant des Isuzu KB, der D-Max, landet 2017 im ADAC-Eco-Test auf dem letzten Platz aller 108 in jenem Jahr getesteten Fahrzeuge wegen seines sehr hohen Schadstoffausstoßes von 721 mg NOx pro gefahrenem Kilometer.

▲ Zur Serienausstattung des 2019er Isuzu D-Max XTR gehören sechs Airbags, ESP, Klimaanlage, elektrische Fensterheber für die Vordertüren und Tagfahrlicht.

eher ängstlichen Zeitgenossen geschätzt wird, die gerne von oben auf die übrigen Verkehrsteilnehmer herabblicken. Auch die Bremsen des XTR wurden verstärkt, damit die Bergabfahrt am Kilimandscharo oder alternativ auf der Abraumhalde am Baggersee keine Panikattacken auslöst. Seinen Nutzwert hat der D-Max weltweit hinlänglich unter Beweis gestellt, ob er zum Lifestyle-Pickup taugt, bleibt abzuwarten.

► Der 2017er Isuzu KB Double Cab mit dem 1,9-Liter-Diesel beschleunigt laut Werksangabe in 12 Sekunden von 0 auf 100 km/h. Der Durchschnittsverbrauch im Drittelmix liegt zwischen 6,2 und 7,8 l/100 km.

MAZDA

Zoom, Zoom

Was in Europa kaum jemand weiß: Die japanische Automobilmarke Mazda feiert 2020 ihr hundertjähriges Bestehen. Am 30. Januar 1920 wurde in Hiroshima die Toyo Cork Kogyo Co., Ltd. gegründet, die 1927 in Toyo Kogyo Co., Ltd. umbenannt wurde und der Stammvater der heutigen Mazda Motor Corporation war. Der Name Mazda stammt nach Angabe des Herstellers vom japanischen Gott des Lichtes, Ahura Mazda, und wurde von allen werkseigenen Fahrzeugen getragen.
Das Unternehmen war ursprünglich ein Werkzeughersteller und begann erst 1931 mit der Fahrzeugproduktion. Das erste Resultat war der Mazda-Go, eine so genannte Auto-Rikscha, also ein dreirädriges Vehikel, das nicht von einem Menschen gezogen, sondern von einem kleinen Verbrennungsmotor angetrieben wurde. Ein Repräsentant dieses Fahrzeugtyps war auch das T600 Lastendreirad aus dem Jahre 1962, das bei großzügiger Auslegung des Begriffes auch als Pickup angesehen werden kann. Auto-Rikschas blieben also im Angebot, nachdem schon längst vierrädrige Fahrzeuge schwerpunktmäßig produziert wurden. Auf diesem Feld wurde Mazda 1960 aktiv, als der R360 herauskam, ein sehr kompakter, typisch japanischer Kleinwagen mit einem luftgekühlten, 356 ccm großen bzw. kleinen V2-Motor im Heck. 1961 erschien eine Pickup-Version, der B360. Anders als die Limousine hatte der Pickup einen konventionellen Frontmotor mit Heckantrieb, eine starre Hinterachse und Blattfedern. Im 535 kg leichten, 2,98 Meter kurzen B360 leistete der V2 13 PS, mit dem immerhin eine Höchstgeschwindigkeit von 67 km/h möglich war.
Deutlich größer war der zeitgleich angebotene erste Vertreter von Mazdas langlebiger B-Serie, eine

▲ Der 1962er Mazda T600 verkörpert eine lange Mazda-Tradition im Bau von Lastendreirädern, die im Jahre 1931 mit dem Mazda-Go begann und bis 1971 mit dem T600 Bestand hatte.

▲ Ab 1964 arbeitet im Mazda B360 Pickup kein V2 mehr, sondern ein wassergekühlter, 358 ccm kleiner Vierzylinder aus dem Kleinwagenmodell Carol. Der B360 wird 1967 durch den Mazda Porter ersetzt, der unter den Bezeichnungen E360 und B600 in den Export geht.

Truck-Familie, die im August 1961 auf den Markt kam und zwar in Form des Mazda B1500. An der Modellbezeichnung war bereits erkennbar, dass der Pickup mit einem wassergekühlten 1,5-Liter-Vierzylinder ausgestattet war, der 60 PS leistete und seine Kraft mittels eines Viergang-Schaltgetriebes abgab. Der erste B1500 hatte einen Radstand von 2495 mm und war 4150 mm lang; die erlaubte Zuladung lag bei einer halben Tonne.
Recht fortschrittlich für einen zeitgenössischen Truck war die Einzelradaufhängung der Vorderräder mit Drehstabfedern. Drehstab- oder Torsionsfedern sind im Prinzip nichts anderes als in die Länge gezogene Schraubenfedern, deren Kennung je nach Bedarf einfach und präzise verändert werden kann, indem man den Drehstab stärker oder schwächer verwindet. An der Hinterachse des Mazda-Pickups fanden sich die typischen Blattfedern und eine Starrachse. Der Begriff B-Serie wurde nach dem B1500 nur noch für Exportmodelle verwendet. In ihrem Heimatland trugen die Mazda den klangvollen Namen Proceed, was so viel bedeutet wie „fortfahren". Wir werden gleich darauf zurückkommen.
Zunächst aber ein Blick auf eine ganz andere Pickup-Reihe, hier vertreten durch den 1964er Mazda Familia. Wir haben es wiederum mit einem Truck zu tun, der auf einer Pkw-Baureihe basiert, namentlich dem Familia, einer (Achtung: Wortspiel) Kleinwagen-Familie, die von 1963 bis 2003 gebaut wurde. Außerhalb seines Heimatlandes vermarktete Mazda den Familia unter einer Reihe von Bezeichnungen, etwa 800, 1000, 1200 und 1300. Europäer kennen ihn vor allem als Mazda 323. Schon bald nach Einführung der Familia-Familie (weil's so schön war) tauchte im November 1964 auch ein Pickup auf, der die bereits vorhandenen Modelle Kombi, Van, zwei- und viertürige Limousine sowie zweitüriges Coupé ergänzte. Pickup, Kombi und Van ruhten auf einem knappen 2140 mm langen Radstand und waren 3635 mm lang, die Limousinen und Coupés kamen bei 2190 mm Radstand auf 3765 mm Länge. Für den Vortrieb sorgte ein 782 ccm großer Vierzylinder mit 42 PS, der in Kombination mit einem Viergang-Schaltgetriebe

▲ Der 1961er Mazda B1500 wird außer als klassischer zweitüriger Truck auch als Doppelkabiner und als zweitüriger Kastenwagen angeboten. Der B1500 ist deutlich größer und leistungsstärker als seine einheimischen Wettbewerber, aber auch merklich teurer, was seinen Verkaufserfolg schmälert.

▲ Ungefähr 400.000 Mazda Familias der ersten Generation (1964-1968) werden insgesamt gebaut, davon rund 270.000 nutzorientierte Kombis und Pickups. Etwa 10.000 Exemplare gehen in den Export, vor allem nach Australien und Neuseeland.

▼ Mit dieser Modellgeneration des Mazda Proceed beginnt 1971 die Kooperation des japanischen Autoherstellers mit der Ford Motor Company, welche später einen Anteil von knapp 25 Prozent an Mazda hält. Etliche Ford-Modelle entstehen in enger Zusammenarbeit mit Mazda, darunter auch der Pickup unter dem Namen Ford Ranger.

bis zu 105 km/h Höchstgeschwindigkeit ermöglichte. In späteren Jahren gab es zwei verschiedene Vierzylinder mit knapp einem Liter Hubraum, einen mit OHV-, den anderen mit OHC-Technik und 58 oder 68 PS. Dadurch wurden Spitzengeschwindigkeiten von bis zu 145 km/h erreicht. Der Familia Pickup vollzog auch den Modellwechsel in die zweite Generation, die bis 1977 gebaut wurde, die späteren Generationen verfügten über kein spezielles Pickup-Modell mehr.

Und damit zurück zu Mazdas erfolgreichstem Truck, dem Proceed oder der B-Serie, deren Evolution wir hier ein wenig nachvollziehen wollen. Zunächst ein Blick auf den 1965er Mazda Proceed, der zu jenem Zeitpunkt gerade eben in seiner zweiten Modellgeneration vorgestellt wurde, die bis 1977 gebaut werden sollte. Gegenüber seinem Vorgänger war er größer (Radstand 2650 mm, Länge 4370 mm, Breite 1702 mm) und holte nun 72 PS aus dem bekannten 1,5-Liter-Vierzylinder. Andere Antriebsaggregate dieser Generation waren ein 1,3-Liter-Vierzylinder mit 87 SAE-PS (ab 1972, nur für Japan), ein 1,6-Liter-Vierzylinder mit bis zu 101 SAE-PS, eingeführt 1971, sowie ein 1,8-Liter-Vierzylinder, der 98 SAE-PS leistete und ab 1970 zunächst in Kanada erhältlich war.

Ein Triebwerk, das besondere Erwähnung verdient, war ein 1,3-Liter-Wankelmotor, der von 1974 bis 1977 in der B-Serie angeboten wurde. Die Ingenieure bei Mazda hatten mit großem Interesse die Entwicklung des NSU Ro 80 in Deutschland verfolgt und adaptierten die Erfindung Felix Wankels für ihre eigenen Produkte, darunter auch die B-Serie. Der Mazda-Truck war der erste und einzige Pickup mit Wankelmotor weltweit und wurde ausschließlich in Nordamerika regulär verkauft. Nur etwa 15.000 Stück wurden gebaut, denn wie der Ro 80 wurde der als REPU bezeichnete Truck zum Opfer der ersten Ölkrise 1973/74 aufgrund seines vergleichsweise hohen Benzinverbrauchs von 14-15 Liter/100 km. Überlebende Exemplare sind heute gesuchte Sammlerstücke.

Diese Modellgeneration verschaffte Mazda auch den Durchbruch auf den diversen Exportmärkten. 1967 begann die Montage von B1500-Trucks in Christchurch, Neuseeland, als erstem japanischen Kleinlaster vor Ort überhaupt. Das Hauptaugenmerk Mazdas beim Export lag natürlich auf dem großen, lukrativen nordamerikanischen Markt, wo es mit Beginn der 1970er Jahre losging. Ein besonderer Coup gelang den Japanern in Form eines Deals mit der Ford Motor Company, die ab

▲ B-Pickups der vierten Modellgeneration wie der 1991er Mazda B2600 4x4 werden außer im Heimatwerk in Hiroshima auch in Bogota in Kolumbien sowie in Pretoria, Südafrika gebaut. In den USA wird der Mazda außerdem in Ford-Werken in Minnesota und New Jersey unter dem Namen Ranger produziert.

▲ Die erste Generation des Mazda BT-50 wird nicht nur in Thailand, sondern auch in Südafrika und Kolumbien gebaut, um die afrikanischen und lateinamerikanischen Märkte abzudecken. Dort war und ist der Mazda auch mit Benzinmotoren bis zu 2,6 Litern Hubraum erhältlich.

1972 den B-Pickup aus Japan in die USA importierte und dort unter dem Namen Ford Courier vermarktete (siehe Ford-Kapitel). Der Courier war durch und durch ein Mazda, wurde aber mit eigenständigem Styling angeboten, um den amerikanischen Geschmack besser zu treffen. Unter der Haube fand sich der 1,8-Liter-Vierzylinder mit zunächst 75 PS, gekoppelt mit einem Viergang-Schaltgetriebe oder - unverzichtbar in den USA - einem aufpreispflichtigen Dreigang-Automatikgetriebe.

Die übernächste Modellgeneration, die von 1985 bis 1998 gebaut wurde, vertritt der 1991er Mazda B2600 4x4 in der sogenannten Cab Plus-Ausführung also einer Notsitzbank hinter den Vordersitzen und etwas mehr Platz in der Kabine. Aufmerksame Betrachter entdecken das Kürzel B2600i auf dem Vorderkotflügel: Damit wies Mazda auf seinen 1988 vorgestellten neuen 2,6-Liter-Vierzylinder hin, der mit einer Einspritzanlage ausgerüstet war, die dem Motor 121 PS entlockte. Es hatte schon vor 1988 einen B2600 gegeben, dessen Antriebsmotor allerdings von Mitsubishi stammte und lediglich 102 PS leistete.

Der B2600 4x4 war eine Sonderversion für Nordamerika und kam serienmäßig mit einem Fünfgang-Schaltgetriebe daher, das auf Wunsch durch eine Viergang-Getriebeautomatik ersetzt werden konnte. Wer keinen Allradantrieb benötigte, der konnte seinen B2600i auch mit Heckantrieb für weniger Geld ordern. In anderen Ländern gab es den B-Pickup dieser Generation auch mit 2,0-, 2,2- oder 2,5-Liter-Motoren, alles Vierzylinder-Benziner. In Südafrika, wo die B-Serie ebenfalls hergestellt wurde, kamen Ford-V6-Motoren mit 3,0 oder 3,4 Litern Hubraum und bis zu 145 PS zum Einsatz. Andererseits gab es z. B. in Neuseeland eine 64-PS-Version mit einem 2,2-Liter-Vierzylinder-Diesel. Mazda - wie andere japanische Hersteller auch - tat alles, um sich den sozioökonomischen Bedingungen der jeweiligen Märkte anzupassen.

1998 war es wieder einmal Zeit für eine neue, die nunmehr fünfte Modellgeneration der B-Serie. Ein Vertreter dieser Generation ist der 2004er Mazda B2500 in der sogenannten Freestyle-Ausführung. Damit war eine Karosserieversion mit kleinen hinteren Selbstmördertüren und ohne B-Säule gemeint, die 2002 debütierte. Sie ergänzte die bestehenden Ausführungen des klassischen Zweitürers, des Zweitürers mit verlängerter Kabine und des Viertürers mit konventionell öffnenden Türen. Die Modellbezeichnung B2500 verrät mal wieder die Motorisierung: Es handelte sich um einen 2,5-Liter-Vierzylinder-Turbodiesel mit Intercooler, der 118 PS leistete.

In den Staaten am Persischen Golf wurde eine größere Ausführung des Turbodiesels mit 2,9 Litern angeboten, während anderswo in der Welt aufgrund niedrigerer Spritpreise Benziner beliebter waren. Das betraf zum Beispiel Südafrika und Australien, wo der Mazda mit dem von der Vorgängergeneration übernommenen

2,6-Liter-Einspritzer ausgestattet war. Seit seinen Anfängen war der B-Pickup kräftig gewachsen, denn nun betrug sein Radstand 3000 mm bei einer Länge von 5135 mm und einer Breite von 1750 mm. Dafür durfte er bei 1,3 Tonnen Leergewicht bis zu eine Tonne Zuladung tragen. Die fünfte Modellgeneration blieb bis 2006 im Programm, um dann vom Mazda BT-50 ersetzt zu werden, dem legitimen Nachfolger der B-Serie.
Das Interessante am Mazda BT-50 ist, dass er speziell für den Export in alle Welt entwickelt wurde. Große Ausnahme sind die USA, wo er nicht bestellt werden konnte. Ebenfalls durch Abwesenheit glänzte er in seinem Heimatland Japan, wo er weder gebaut noch verkauft wurde. Wichtigste Produktionsstätte des Mazdas für den europäischen Markt war Thailand, wo der japanische Hersteller seit 1998 eine große Fabrik unterhält. Konsequenterweise und um die Bedeutung des Marktes zu unterstreichen, wurde der BT-50 auf der Bangkok Motor Show am 22. März 2006 zum ersten Mal der Weltöffentlichkeit vorgestellt. Der 2007er Mazda BT-50 (im Bild als viertürige Double Cab-Version), war offenkundig für den europäischen Markt bestimmt. Das hieß unter anderem, dass der 5,17 Meter lange und 1,80 Meter breite Truck mit einem 2,5-Liter-Vierzylinder-Turbodiesel mit 143 PS ausgestattet war, auf Wunsch aber auch mit einer größeren 3,0-Liter-Version mit 156 PS ausgerüstet werden konnte. Beide Motoren stammten übrigens von Ford – die langjährige Kooperation der beiden Unternehmen machte es möglich – und zählten zur sogenannten Duratorq-Familie, Turbodiesel mit doppelten obenliegenden Nockenwellen in vier- und fünfzylindriger Ausführung. Letztere gab es allerdings

▼ Mazdas B-Serie wird in 130 Ländern verkauft, zum Teil auch unter dem Markennamen Ford. In Australien ist der B-Pickup mit dem 4,0-Liter-V6-Benziner zu haben, der auch den Ford Explorer, einen SUV, antreibt und im Ford-Werk in Köln gebaut wird.

nur in amerikanischen Ford-Modellen, nicht im Mazda. Die Kraftübertragung im BT-50 überließ der Hektiker dem serienmäßigen Fünfgang-Schaltgetriebe, während der Schaltfaule die aufpreispflichtige Fünfgang-Getriebeautomatik wählte. Was die Fahrleistungen betraf, so war der kleinere Motor für 13,3 Sekunden von 0 auf 100 km/h und eine Höchstgeschwindigkeit von 169 km/h gut, der drehmomentstärkere 3,0-Liter war in der Spitze gleich, erreichte 100 km/h im Test aber bereits in 10,4 Sekunden.
Nutzanwender konnten auch zufrieden sein: Die Ladefläche des Mazda-Trucks maß 1,53 x 1,46 Meter, und wie zuvor durfte eine Tonne Zuladung transportiert werden. Auch die Innenabmessungen der Kabine des BT-50 Double Cab konnten sich sehen lassen: 1068 mm Beinfreiheit vorne, 831 mm hinten, 1012 mm Kopffreiheit vorne, 983 mm hinten sowie 1410 mm Schulterfreiheit.
Im Jahr 2011 erfuhr der BT-50 eine grundlegende Überarbeitung. Wer beim genauen Betrachten Ähnlichkeiten mit dem aktuellen Ford Ranger T6 entdeckt, hat durchaus Recht, denn beide Modelle wurden gemeinsam bei Ford Australien entwickelt. Eine Umkehrung der bisherigen Praxis, bei der der Ranger auf dem Mazda basierte. Technisch sind beide Modelle identisch, teilen sich karosserieseitig aber nur das sogenannte „greenhouse", also die Fensterscheiben und das Kabinendach, alle andere Paneele sind unterschiedlich und nicht austauschbar im Interesse der Unterscheidbarkeit und der Markenidentität.
Der weiterhin in Thailand gebaute BT-50 ist wieder einmal gewachsen und mit einem Radstand von 3226 mm, einer Länge von 5359 mm, einer Breite von 1849 mm und einem Leergewicht von bis zu 2015 kg größer und schwerer denn je. Da braucht es stärkere Motoren, um das japanische Schwergewicht angemessen anzutreiben. Das überschaubare Motorenangebot beginnt mit einem 2,2-Liter-Vierzylinder-Turbodiesel mit 150 PS und endet mit einem 3,2-Liter-Fünfzylinder-Turbodiesel mit 185 PS, beide Vertreter der schon erwähnten Duratorq-Familie aus dem Hause Ford. Im Jahr 2019 steht Mazda an 15. Stelle der Liste der Automobilhersteller der Welt. Ob der aktuelle BT-50 das zum Besseren verändern wird, bleibt abzuwarten.

▲ Der aktuelle Mazda BT-50 (im Bild die 2015er Ausführung) wird von Ford of Australia entwickelt und zuerst auf der Sydney Motor Show vorgestellt. Mazda bewirbt den BT-50 als „Active Lifestyle Vehicle" und zielt damit – wie andere Hersteller auch – eher auf den spaß- und freizeitorientierten Stadtbewohner als auf den klassischen Nutzanwender.

MERCEDES-BENZ

Für Anspruchsvolle

Dass Mercedes-Benz ein etablierter Hersteller von Ober- und Luxusklasse-Pkw ist, der den Anspruch erhebt, die besten Autos der Welt zu bauen, darf als bekannt vorausgesetzt werden. In dieser Hinsicht konkurrieren die Schwaben mit ähnlich ambitionierten Rivalen wie BMW, Porsche, Rolls-Royce, Bentley, Lexus oder Cadillac. Nun ist aber Mercedes-Benz auch schon immer im Nutzfahrzeug-Geschäft aktiv, während man Lastwagen oder Taxis mit Rolls-Royce-Emblem eher selten auf der Straße sieht.
Soweit es das Thema dieses Buches betrifft, beginnen wir mit dem bislang bekanntesten Pickup des Hauses, dem Mercedes Geländewagen, der 1979 der Öffentlichkeit vorgestellt wurde. Die Entstehungsgeschichte des G-Wagen, wie der Mercedes auch genannt wird, ist beinahe legendär und braucht hier wohl nicht wiederholt zu werden. Jedenfalls handeltes sich um die gemeinsame Entwicklung von Daimler-Benz und Steyr-Daimler-Puch aus Graz in der Steiermark für ein zunächst als Militärfahrzeug geplantes Auto. Die Herstellung war arbeitsteilig organisiert: Mercedes lieferte Motoren und Antriebsstrang, Leiterrahmen und Karosserie wurden in Handarbeit in Graz hergestellt, wo auch die Endmontage stattfand.
Zunächst war der Geländewagen, werksintern unter der Bezeichnung Baureihe 460 geführt, nur als Kombi, Kastenwagen und Cabrio verfügbar, mit kurzem (2400 mm) und langem Radstand (2850 mm). In der 1990 eingeführten Nutzanwender-Baureihe 461 war dann auch die Pickup-Version dabei. Für das sonstige Publikum gab es die Baureihe 463. Der Pickup wurde ausschließlich in Langversion (4,60 Meter) gebaut. Die Ladefläche war 1670 mm lang und 1514 mm breit.

► Der 2013er Mercedes G63 6x6 basierte auf einer speziell für die australische Armee angefertigten Variante des G 463.

42462

Für die Motorisierung standen zwei Aggregate aus Mercedes-Pkw-Baureihen zur Wahl: Da war zum einen ein 2,3-Liter-Vierzylinder-Benziner mit 122 PS. Da es sich um einen Einspritzer mit der KE-Jetronic von Bosch handelte, wurde aus dem so ausgestatteten G-Pickup ein 230 GE. Mit dem kleinen Benziner waren 17,4 Sekunden für den Spurt von 0 auf 100 km/h nötig, die Höchstgeschwindigkeit lag bei 150 km/h. Hinter dem Code OM 602 D 29 verbarg sich der zweite Motor, der im Pickup zu haben war, ein 2,9-Liter-Fünfzylinder-Saugdiesel aus dem Motorenprogramm der Mercedes-Transporter. Er leistete 95 PS, die den 290 GD genannten Pickup 137 km/h schnell machten. Von 0-100 km/h dauerte es nach Werksangabe 23,1 Sekunden. 1997 wurde aus dem 290 GD der 290 GTD, denn der Diesel erhielt einen Turbolader mit Ladeluftkühlung. Die Leistung stieg durch diese willkommene Maßnahme auf 120 PS. Der entsprechend ausgerüstete Pickup hieß konsequenterweise 290 GTD.

Für die Kraftübertragung gab es ein Fünfgang-Schaltgetriebe, ab 1997 nur noch eine Viergang-Automatik mit einem Achsantrieb von 4,11:1. Alle G-Modelle waren mit dem VG-080-Allradantrieb von Steyr-Daimler-Puch ausgestattet. Wollte der Fahrer eines G-Pickup vom normalen Heckantrieb abweichen, legte er – auch während der Fahrt – einen Schalthebel mit der Aufschrift SA = Straße/Allrad ein. Für Offroading-Einsätze gab es eine Geländeuntersetzung mit dem Kürzel GA = Gelände/Allrad. Hinzu kam eine serienmäßige Differenzialsperre an der Hinterachse, eine weitere für die Vorderachse wollte extra bezahlt sein.

Der G 461 Pickup wurde nach 1998 aufgrund zu geringer Nachfrage eingestellt, was niemanden davon abhalten konnte, sich einen Geländewagen entsprechend umbauen zu lassen, vorausgesetzt, man hatte das Geld dazu.

Der Monster Truck

Eine solche Spezialanfertigung war der 2013er Mercedes G63 von AMG. Nachdem die australischen Streitkräfte bereits fünf Jahre zuvor die ersten 6x6-Geländewagen von Mercedes erhalten hatten, folgte 2013 die Luxusausführung von Magna-Steyr, dem Nachfolgeunternehmen von Daimler-Steyr-Puch. Dort wurde die Armeeversion mit drei angetriebenen Achsen und einer Pickup-Karosserie mit dem Motor des G63, einer Hochleistungsversion des Geländewagens aus Mercedes' PS-Werkstatt AMG sowie einem luxuriösen Interieur kombiniert.

Eine technische Besonderheit dieses Fahrzeuges waren die Portalachsen, die, ähnlich wie beim Unimog, mittels Vorgelegegetriebes die Achsmitte parallel zu den Radachsen verlegt, in diesem Falle nach oben. So gewann der G63 6x6 eine Bodenfreiheit von 46 cm und eine Wattiefe von einem Meter. Ein weiteres technisches Highlight war ein Kompressor, mit dem der Reifendruck passend zu den Traktionsbedingungen innerhalb von 20 Sekunden erhöht oder gesenkt werden konnte, je nachdem, ob man auf Sand oder Asphalt unterwegs war.

Der Geländewagen aus der Steiermark war ein Riese, 5,87 Meter lang, 2,11 Meter breit und 2,21 Meter hoch, ruhte auf einem 4196 mm langen Radstand und wog leer 4105 kg. Um dieses Monstrum angemessen bewegen zu können, brauchte man den Motor aus dem G63, einen 5,5-Liter-V8-Benziner mit Vierventiltechnik und Doppelturbolader. Das Resultat waren 536 PS, die von einem Siebengang-Automatikgetriebe, einem Verteilergetriebe für den permanenten Allradantrieb sowie fünf elektronische Differenzialsperren auf die Straße oder aufs Gelände übertragen wurden. 7,9 Sekunden sollte der Sprint von 0 auf Hundert in Anspruch nehmen, die Höchstgeschwindigkeit war bei 160 km/h abgeregelt.

Mehr als 100 Exemplare wurden gebaut, die meisten davon dürften an Superreiche aus dem Nahen Osten verkauft worden sein, für die der Preis keine Rolle spielte.

◄ Mit der Einführung der Baureihe 461, zu der auch der Pickup gehörte, vollzog Mercedes-Benz die konsequente Trennung von nutzanwender- und spaßorientierten Geländewagen. Letztere wurden mit der Baureihe 463 bedacht, die eher auf Komfort ausgerichtet war.

Ein X-beliebiger Pickup?

Mercedes jüngster Ausflug ins Pickup-Land ist die X-Klasse, die der Stuttgarter Autohersteller im November 2017 in Europa ins Rennen schickte. Anfang 2018 folgten Australien, Neuseeland und Südafrika, Anfang 2019 Argentinien und Brasilien. Entwickelt in Zusammenarbeit mit der Renault-Nissan Alliance auf Basis des Nissan Navara, besitzt die X-Klasse genug Eigenständigkeit, um hier vorgestellt zu werden. Das fängt beim Fahrwerk an: Da Mercedes den Anspruch erhebt, einen Premium-Pickup zu bauen, musste am Navara etwas Feinarbeit geleistet werden. Leiterrahmen und Fahrwerk stammen vom Nissan, also auch die Schraubenfedern an beiden Achsen, aber die Spur des Mercedes ist mit 1632 mm vorn und 1625 mm hinten breiter als beim Plattformbruder, und das Fahrwerk ist allgemein feiner abgestimmt.

Spitzenmodell ist der X 350 d. Dieser Pickup läuft mit einem 3,0-Liter-V6-Turbodiesel mit 258 PS und serienmäßiger Siebengang-Automatik. Sie ist auch erhältlich im X 250 mit dem 2,3-Liter-Vierzylinder-Turbodiesel mit 190 PS, dem zweitstärksten Motor im Angebot. Wer lieber selbst schaltet, behält das serienmäßige Sechsganggetriebe bei. Die beiden weiteren verfügbaren Motoren, ein 2,3-Liter mit 163 PS (X 220 d) und ein 2,0-Liter-Benziner mit 166 PS (X 200) gibt es nur mit Handschalter. Die X-Klasse ist aber auch mit reinem Heckantrieb erhältlich. Der 4Matic-Allradantrieb ist zuschaltbar bis zu einer Geschwindigkeit von 100 km/h. Es gibt das 4WD-Programm 4H für leichte Geländefahrten oder 4L für Sand und Matsch sowie eine Differenzialsperre. Im X 350 d weicht der zuschaltbare dem permanenten 4Matic-Allradantrieb.

Größenmäßig nehmen sich Nissan Navara und Mercedes X-Klasse praktisch nichts. Der Radstand von 3150 mm ist identisch, der Mercedes ist allerdings ein klein wenig länger (5340 statt 5255 mm) und breiter (1920 statt 1850 mm), was am Karosseriedesign liegt, das eine Mercedes-Identität verpasst bekam.

Die X-Klasse soll Nutzanwender und Lifestyle-Aktivisten gleichermaßen ansprechen, daher gibt es sie in den drei Ausstattungsvarianten, Pure, Progressive und Power. Die Klasse Pure richtet sich erwartungsgemäß an Landwirte oder Gewerbetreibende, die Mercedes mit bis zu 1,1 Tonnen Nutzlast und 3,5 Tonnen Anhängelast von der X-Klasse überzeugen will. Progressive zielt auf Käufer, die Nutzanwendung und Alltagsfahrten in der Stadt kombinieren wollen, während Power den Kunden im Blick hat, der seinen Truck ausschließlich als Ausdruck seiner Individualität betrachtet und maximalen Komfort wünscht. Der üppig bestückte Innenraum soll das widerspiegeln.

► Gerade erst im Jahre 2017 eingeführt, steht Mercedes-Benz' X-Klasse möglicherweise schon wieder zur Disposition. Der in Barcelona und in Argentinien gebaute Pickup verkauft sich nicht so gut wie erwartet.

▼ Der Innenraum der Mercedes X-Klasse wurde in weiten Teilen vom Nissan Navara übernommen, aber die Gestaltung des Instrumentenbretts, das Multifunktionslenkrad und das Infotainmentsystem sind von Mercedes.

S XK 4707

MITSUBISHI

Drei Rhomben auf Tour

Die Anfänge der Mitsubishi Motors Corporation reichen bis ins Jahr 1917 und zum Model A zurück, ein binnen vier Jahren nur 22 Mal gebautes Auto auf Basis des Fiat Tipo 3. Mitsubishi, was „drei Rhomben" bedeutet und sich im Firmenlogo widerspiegelt, trug zu jener Zeit den Titel Mitsubishi Shipbuilding Co. Ltd. und war, wie der Name nahelegt, ein Schiffbauunternehmen, das sich – ganz im Sinne der expansiven Industriepolitik der japanischen Regierung – auf den Automobilbau auszudehnen suchte. Diversifizierung würde man das heute nennen. Der Autobau von Hand erwies sich jedenfalls als zu teuer, und 1921 war erst einmal Schluss. Das Unternehmen konzentrierte sich wieder auf den Schiffbau, später im Zweig namens Mitsubishi Heavy Industries auf Flugzeug-, Eisenbahn- und Maschinenbau.

Zum Automobilbau kehrte Mitsubishi erst nach dem Zweiten Weltkrieg zurück, zunächst im Nutzfahrzeugbereich. Außer Bussen der Marke Fuso wurde ab 1947 der dreirädrige Kleintransporter Mizushima angeboten, der erste Mitsubishi-Pickup überhaupt – bei großzügiger Auslegung des Begriffes. Immerhin durfte dieses Fahrzeug 400 kg tragen. Das Großunternehmen Mitsubishi wurde auf Befehl der alliierten Besatzungsmächte im Jahr 1950 in drei kleinere zerschlagen, die sich alle mit der Herstellung von Pkw und Lkw beschäftigten.

Anfangs wurden aus den USA importierte Fahrzeuge der Marken Willys und Kaiser-Frazer in den Fabriken der drei Folgeunternehmen West Japan Heavy-Industries, Central Japan Heavy-Industries und East Japan Heavy-Industries produziert nach dem CKD-Verfahren. CKD steht für „Completely Knocked Down" und hat nichts mit Boxsport zu tun. Vielmehr werden Autos komplett zerlegt zu einem Montagewerk geliefert und dort als Bausatz zusammengebaut.

US- und andere Autohersteller bedienten sich lange Zeit dieses Verfahrens, um ihre Produkte in überseeischen Märkten unterzubringen. Durch den Zusammenbau im Zielland wurden Importzölle vermieden oder zumindest reduziert, selbst wenn sämtliche Teile eines Fahrzeuges aus dem Ausland stammten. Dieses Arrangement wurde so lange aufrechterhalten, bis Mitsubishi ein eigenständiges Produkt auf den Markt bringen konnte. Das erste war der Mitsubishi 500 im Jahr 1960, gefolgt 1962 vom Mitsubishi Colt, dem ersten einer langen Reihe von Fahrzeugen mit diesem Namen.

Dazu zählt auch der 1967er Colt 1000F, ein kompakter Pickup auf Basis der 1965 vorgestellten Fließhecklimousine Colt 800. Der 1000F (F steht für Fastback = Fließheck) wurde 1967 erstmals als sogenanntes Coupe Utility angeboten und fand vor allem in Australien sein Publikum, wo solche Pkw-basierten Trucks

◄ Ein Mitsubishi Mizushima aus dem Jahr 1947. Mizushima kombiniert die japanischen Begriffe für Wasser „mizu" und Insel „shima", beschreibt also im Prinzip das Herkunftsland des Kleintransporters.

▲ Der Mitsubishi Colt 1000F begründet Mitte der 1960er Jahre Mitsubishis Erfolgsgeschichte im Rallyesport, allerdings in der geschlossenen Fließheckausführung. Bereits 1967 erringt ein 1000F den Klassensieg in der australischen Southern Cross Rallye.

schließlich erfunden wurden. Neu war nicht nur der mit 3,74 Metern Länge recht kleine Truck, sondern auch sein gerade einmal 977 ccm großer Vierzylinder-Benzinmotor mit 55 PS. Er ersetzte den 843 ccm kleinen Zweitakter, der den Colt 800 angetrieben hatte. Der Einliter war ein konventioneller Viertakter und wurde 1968 durch eine 1,1-Liter-Ausführung mit 58 PS und später 62 PS ersetzt. Der Colt wurde in dieser Generation bis 1971 von der nunmehr Mitsubishi Motors Co. Ltd. genannten Firmengruppe gebaut, eine Tochtergesellschaft von Mitsubishi Heavy Industries, das 1964 durch die Wiedervereinigung der drei Teilunternehmen entstanden war.

Mitsubishis World Car: Der L200

Wie heutzutage die Chinesen setzten in den 1960er Jahren die Japaner auf den Export ihrer Produkte, ob Kameras oder Autos, um ihrer aufstrebenden Industrie neue, profitable Märkte zu erschließen. Mitsubishi wollte nicht abseits stehen und zielte vor allem auf den riesigen US-Markt. Zu diesem Zweck wurde ab 1970 ein neuer, großer Pickup entwickelt, der zwar Pkw-typisch aussehen sollte, aber von vorneherein als robustes Nutzfahrzeug konzipiert war. Um den amerikanischen Publikumsgeschmack zu treffen, arbeitete Mitsubishi mit der Chrysler Corporation zusammen. Das Resultat war der Triton, ein kompakter Pickup der Halbtonnen-Zuladungsklasse, der von 1978 bis 82 in den USA als Dodge D60 und Plymouth Arrow verkauft wurde. Chrysler tat es seinen Konkurrenten gleich, die importierte kleine Pickups unter eigenem Namen vermarkteten, so wie Ford das Modell Courier, eigentlich ein Mazda BT-50, und Chevrolet den LUV Truck, der ursprünglich ein Isuzu war. In seinem Heimatland hieß der Pickup Mitsubishi Forte, in den meisten der vielen Exportländer wurde er unter der bis heute gebräuchlichen Bezeichnung L200 bekannt. Dieser Pickup hatte in der ersten Generation einen Radstand von 2780 mm und war mit einer Reihe von Motoren verfügbar. In Japan beschied er sich mit einem 1,6-Liter-Vierzylinder mit 86 PS, in anderen Ländern war er auch mit 2,0- oder 2,6-Liter-Vierzylindern zu haben oder mit 2,3- oder 2,5-Liter-Vierzylinder-Saugdieseln.

Die Kraftübertragung erfolgte mit einem 4- oder einem 5-Gang-Schaltgetriebe. Der technische Aufbau des L200 barg keine Überraschungen: Ein Kastenrahmen trug die Karosserie, das Fahrwerk arbeitete an der Vorderachse mit Schraubenfedern, an der Hinterachse mit Blattfedern. Zunächst gab es den Mitsubishi nur mit Heckantrieb, ab Modelljahr 1981 aber zusätzlich mit zuschaltbarem Allradantrieb. In diesem Fall ersetzten Drehstabfedern die vorderen Schraubenfedern. Der erste L200 war ein großer Erfolg, allein im ersten Jahr wurden 45.000 Exemplare gebaut, im Jahr darauf verkaufte er sich weltweit mehr als 100.000-mal. 5000 Dodge D60 oder Plymouth Arrow wurden 1979 jeden Monat allein in den USA gekauft. Sein Erfolg dort war

▼ Ein 1991er Mitsubishi L200 ist robust und praktisch, aber eher gemächlich auf der Straße unterwegs. Selbst mit Dreiliter-V6 brachte es die Allradversion auf gerade einmal 127 km/h Höchstgeschwindigkeit.

so groß, dass er von der US-Zeitschrift *PV4* (kurz für „Pickups, Vans and 4-Wheel Drives") zum „Pickup des Jahres" erklärt wurde.

Der 1991er Mitsubishi L200 steht stellvertretend für die zweite Modellgeneration des beliebten Pickups, die von 1986 bis 96 gebaut wurde. Interessanterweise kam der überarbeitete Truck in vielen Ländern auf den Markt, aber anfangs nicht in Japan, wo sich der L200 nicht so gut verkauft hatte wie in Übersee. Erst 1991 kehrte er unter dem Namen Mitsubishi Strada auf seinen Heimatmarkt zurück. In Deutschland gab der L200 im Jahre 1993 sein Debüt. Die neue Generation wurde um zwei Modelle erweitert, ein zweitüriges Double Cab mit größerer Kabine und das Crew Cab mit vier Türen. Bei einem Radstand von 2950 mm war der Viertürer knapp fünf Meter lang und brachte bis zu 1,6 Tonnen Leergewicht auf die Waage. Die verwendete Motor-/Getriebeeinheit hing wie bisher davon ab, in welchem Land der Mitsubishi verkauft wurde. In Deutschland gab es den L200 ausschließlich mit einem 2,5-Liter-Vierzylinder-Turbodiesel mit 87 PS und einem 5-Gang-Schaltgetriebe. Damit durfte der Japan-Truck rund eine Tonne Nutzlast mitführen. In Australien und Neuseeland wurde der Mitsubishi mit einem optionalen 3,0-Liter-V6-Benziner mit 122 PS angeboten, der nicht notwendigerweise besser geeignet war für den Anhängerbetrieb als der Turbodiesel, dafür aber mehr Kraftstoff verbrauchte.

▼ Der 4,69 Meter lange Mitsubishi L200 der ersten Generation (1979-86) wird ab 1982 in Nordamerika unter dem von vielen Kritikern ironisch kommentierten Namen Mighty Max angeboten. Gemessen an den großen, PS-starken US-Trucks hatte der kompakte Mitsubishi eher Micky-Maus-Charakter.

L200, der SUV mit Ladefläche

In den ersten zwölf Jahren ab Markteinführung in Deutschland wurden 41.000 L200 in Deutschland neu zugelassen, in ganz Europa waren es mehr als 340.000 Exemplare. Damit wurde der Mitsubishi zum meistverkauften Pickup in Deutschland und auf dem Kontinent insgesamt. Viel zum Markterfolg beigetragen hatte zweifellos die 1996 lancierte dritte Generation des L200, die nicht nur gefälliger und SUV-mäßiger aussah als je zuvor, sondern auch im Innenraum dem gestiegenen Komfortbedürfnis der Pickup-Kundschaft Rechnung trug. Wer beim Anblick des 1996er L200 an den Mitsubishi Pajero denkt, liegt vollkommen richtig, denn Pickup und SUV teilten sich dieselbe Plattform und borgten heftig voneinander, nicht nur äußerlich.

Natürlich achteten selbst trendbewusste Stadtbewohner beim Pickup-Kauf auf die Ladefläche, die beim L200 laut Herstellerangaben die längste in seiner Klasse war. Der Turbodiesel der Vorgängergeneration war nach wie vor zu haben, leistete aber dank Intercooler jetzt 100 PS. Ottomotorliebhaber in anderen Ländern griffen zum 2,4-Liter-Vierzylinder-Benziner und 145 PS. Schaltfaule Zeitgenossen konnten erstmals ein Automatikgetriebe mit vier Vorwärtsgängen ordern.

▼ Der 1996er Mitsubishi L200 gehört der dritten Generation des beliebten Pickups an. Dieses Modell nahm sogar im Jahre 2005 an der Rallye Paris-Dakar teil, bei der Mitsubishi-Modelle immer wieder Erfolge einfuhren.

Die Produktion des L200 fand mittlerweile nicht mehr in seinem Heimatland, sondern im viel billigeren Thailand statt. Dass niedrige Lohnkosten nicht zwangsläufig mit schlechterer Produktqualität einhergehen, bewies Mitsubishi vor Ort mit umfassender Automatisierung und gründlicher Mitarbeiterschulung. Es war und ist bemerkenswert, wie es gerade japanische Hersteller geschafft haben, eine blühende Automobilindustrie in so genannten Drittwelt-Ländern aufzubauen und dort nachhaltig hohe Fertigungsstandards zu etablieren und zu bewahren.

Die vierte Modellgeneration des beliebten Mitsubishi-Pickups wurde 2005 vorgestellt, zum Modelljahr 2006 in Deutschland eingeführt und bis 2015 gebaut. Wieder einmal war der L200 gewachsen: Radstand nun 3000 statt 2950 mm, Länge 5,26 statt fünf Meter (Crew Cab), Leergewicht 1700 statt 1635 kg. Glücklicherweise wuchs die Motorleistung mit. Der 2014er Mitsubishi L200 hatte 136 PS aus einem 2,5-Liter-Turbodiesel zur Verfügung, in der Spitzenversion lagen gar 178 PS an. Außerhalb Deutschlands gab es auch Benziner mit 2,4 oder 3,5 Litern Hubraum.

Der bis dahin jüngste L200 bot nicht nur mehr Power, sondern auch mehr Platz, sowohl in der 2,15 Meter langen Fahrerkabine des Viertürers als auch auf der bis zu 3,26 m² großen Ladefläche. Die Nutzlast lag weiterhin bei einer Tonne, die gebremste Anhängelast bei bis zu 3 Tonnen. Große Bedeutung maß Mitsubishi auch Super Select 4WD bei, einem aufpreispflichtigen permanenten Allradantrieb mit abschaltbarem Vorderradantrieb und Geländeuntersetzung. Er ergänzte das bislang verwendete Easy Select-System, das lediglich die Zu- oder Abschaltung des Allradantriebes während der Fahrt erlaubte. Eine elektrisch versenkbare Heckscheibe, ein bis dato exklusives Feature, erhielt der L200-Kunde beim Kauf seines Pickups in der hochwertigen Intense-Ausstattungsversion.

Und damit in die Gegenwart zu der seit 2015 gebauten fünften Modellgeneration des Mitsubishi L200. Die wohl bemerkenswerteste Nachricht zur Einführung des neuen Pickups war die Meldung, dass Mitsubishi den L200 praktisch auf der ganzen Welt außer in seinem Heimatland Japan anbietet, wo er auch beinahe 40 Jahre nach seiner Einführung und 4,3 Millionen produzierten Exemplaren nicht den gewünschten Erfolg hat. Im Gegensatz dazu steht Europa, der wichtigste Exportmarkt für den L200, der in Deutschland sowohl als Mitsubishi als auch mit dem Markenemblem Fiat mit dem Modellnamen Fullback käuflich zu erwerben ist. Der neue L200 brilliert mit einem stärkeren Chassisrahmen und einer Karosserie aus hochfestem Stahl. Beides trägt zu besserer Verwindungssteifigkeit bei. Mit seiner Ladefläche von 1,52 Metern Länge beim Crew Cab und 1,85 Meter beim Double Cab darf er wie bisher 960 kg Ladung transportieren, die zulässige Anhängelast bleibt ebenfalls bei 3,1 Tonnen.

Ein neuer Turbodiesel mit 2,4 Litern Hubraum und 154 PS sorgt für Vortrieb. Wahlweise ist der gleiche Vierzylinder auch mit 181 PS zu haben. Damit soll der L200 in 10,4 Sekunden von 0-100 km/h beschleunigen und eine Höchstgeschwindigkeit von 179 km/h erreichen. Ein Sechsgang-Schaltgetriebe ist Serienausrüstung, gegen Aufpreis kann eine Fünfgang-Automatik eingebaut werden. Wie schon in früheren Generationen gibt es den L200 in mehreren aufsteigenden Ausstattungsausführungen von Basis über Plus zu Top, die den Pickup mit einer Fülle elektrischer und elektronischer Systeme versehen, die sich die Produktentwickler des Jahres 1978 in ihren kühnsten Träumen kaum vorstellen konnten. Das Ganze hat natürlich seinen Preis: Der L200 kostet in seiner preiswertesten Version rund 29.000 Euro. Wie bei anderen Trucks auch wurde so aus einem Nutzfahrzeug ein Luxusobjekt.

▲ In Thailand exklusiv für den Weltmarkt hergestellt, wird der Mitsubishi L200 der vierten Generation (2005-2014) auch nach Japan exportiert und ist dort bis 2011 der einzige im Lande angebotene Pickup überhaupt.

▼ Der Grund, aus dem der 2018er Mitsubishi L 200 – wie andere Pickups auch – in Japan erfolglos ist, liegt daran, dass Praktiker Kastenwagen bevorzugen und Pickups auch nicht als Lifestyle-Fahrzeuge angesehen werden.

Ein neues Gesicht

Im Sommer 2019 erhält der Mitsubishi L200 ein komplett neues, in den Augen des Autors nicht unbedingt vorteilhafteres Erscheinungsbild, was vor allem die wuchtige, aggressiv wirkende Front des Pickups betrifft, aber auch eine etwas weniger dramatische Umgestaltung des Hecks einschließt. Die Allradantriebssysteme Super Select und Easy Select, die von den Vorgängern übernommen wurden, bieten beide einen neuen einstellbaren Gelände-Fahrmodus mit den Programmen Gravel (Kies), Mud/Snow (Matsch/Schnee), Sand (genau) und Rock (Felsen). Mit der entsprechenden Einstellung, natürlich softwaregesteuert, kann der Wagenlenker Antrieb und Bremsen und damit die Traktion der Reifen passend zum befahrenen Untergrund wählen. Ein Kontrollsystem für Bergabfahrten gibt es obendrein. Solche Assistenzsysteme fehlen mittlerweile in kaum einem Pickup oder SUV. Ein insgesamt komfortableres Fahrwerk mit verstärkten Bremsen und ein Sechsgang-Automatikgetriebe anstelle des bisherigen mit fünf Gängen ergänzt die Modellpflege für das Jahr 2019.

▲ Der facegeliftete 2019er Mitsubishi New Gen L200 wird zuerst auf der Thailand International Motor Expo 2018 in Bangkok vorgestellt, im Juli 2019 dann auch bei der Gaikindo Indonesia International Auto Show.

DATSUN/NISSAN

Zwei Namen, eine Marke

Datsun ist eine japanische Automobilmarke, deren Ursprünge im Jahr 1914 liegen. Damals brachte die Kaishinsha Motorcar Works, ein Automobilhersteller in Tokio, einen Wagen namens DAT heraus. Der Name war das Akronym der Nachnamen der drei Gründer, Kenjiro Den, Rokuro Aoyama und Meitaro Takeuchi. Der Wagen stand auch Pate bei eine Namensänderung des Unternehmens in DAT Motorcar Co. im Jahre 1925. 1931 brachte die Firma einen Kleinwagen namens „Datson" heraus, was so viel wie „Son of DAT", „Sohn des DAT" bedeutete, der zwei Jahre später dann in „Datsun" umbenannt wurde.
Zu diesem Zeitpunkt hatte bereits die Nissan Group, ein Industriekonglomerat, das Stahlwerke und Autoteilehersteller kontrollierte, die Herrschaft bei DAT Motors übernommen. Der Name Datsun wurde von da an für alle konzerneigenen Fahrzeuge benutzt, die in den Export gingen. Das Unternehmen hinter der Marke Datsun jedoch war und ist Nissan, dessen Name das Resultat einer Zusammenziehung der ursprünglichen Firmenbezeichnung Nihon Sangyo ist, was übersetzt so viel oder so wenig wie „Japan Industries" bedeutet. Im Laufe der Firmengeschichte wurden so viele Fahrzeugmodelle, auch im Pickup-Bereich, produziert, dass hier nur einige wichtige Exemplare stellvertretend für alle vorgestellt werden können. Der erste ist der 13T aus dem Jahr 1935. Der auf einem Kleinwagen basierende Mini-Pickup hatte einen seitengesteuerten Vierzylindermotor mit knapp 780 ccm Hubraum und 12 PS. Mit Hilfe eines Dreigang-Schaltgetriebes wurde die Kraft auf die Hinterräder übertragen. Der nur 2,70 Meter lange 13T erreichte eine Höchstgeschwindigkeit von etwa 70 km/h.

▲ Der Datsun 13 und sein Pickup-Ableger 13T werden von April 1934 bis März 1935 gebaut.

▲ Der Datsun 2225 von 1948 hat einen 722 ccm kleinen Vierzylindermotor, der 16 PS leistete und vom Vorkriegsmodell 17T stammt.

Klein anfangen, groß rauskommen

Der 1948er Datsun 2225 gehörte zu den ersten wirklich neuen Pickups, die in Japan nach dem Zweiten Weltkrieg entstanden. Zunächst wurden in dem vom Krieg verwüsteten Land leicht veränderte Vorkriegsmodelle gebaut, um die Transportwirtschaft schnellstmöglich mit Fahrzeugen zu versorgen. Erst 1947 kam mit dem Datsun 2124 ein Modell auf den Markt, das die Bezeichnung „neu" verdiente. Der 2225 kam im Laufe des Jahres 1948 heraus und war eine geringfügig überarbeitete Version des 2124 mit ein wenig Chrom und einer höher angebrachten Stoßstange. Er blieb bis 1949 im Programm.

Der Datsun 220 wurde im November 1957 vorgestellt. Er war die modellgepflegte Ausführung seines Vorgängers 120 und blieb mit seinen Ablegern 221-223 bis 1961 im Programm. Der 220 war kompakte 3,74 Meter lang und 1,47 Meter breit und wurde vom so genannten Nissan C-Motor angetrieben, einem 988 ccm großen Vierzylinder mit 37 PS, verbunden mit einem Viergang-Schaltgetriebe. Für den Export bestimmte Modelle bekamen den größeren (1189 ccm) und stärkeren (48 PS) Nissan E-Motor, der in den späteren Version 221-223 auch in Japan eingesetzt wurde. Ein besonderes technisches Merkmal des 220 war seine 12-Volt-Bordelektrik, ein Novum in Datsun-Pickups. Der modellgepflegte 221 kam Ende 1958 heraus und wurde erstmals auch mit einer Version mit hinterer Sitzbank, aber kürzerer Ladefläche angeboten.

Datsun 222 hieß das nächste Modell der 220er Reihe und kam 1960 auf den Markt. Eine neue Ausführung war der G222, der dank verlängerten Radstands auf eine Länge von 4,04 Metern kam, wovon ausschließlich die Ladefläche profitierte.

Der 1964er Datsun 320 Deluxe gehörte zu der im Oktober 1961 vorgestellten Nachfolgegeneration des 220. Er hatte vorn Einzelradaufhängung mit Querlenkern und Drehstabfedern, während die starre Hinter-

▲ Der Datsun 220 wird auf der Los Angeles Auto Show 1958 ausgestellt. Der Export in die USA beginnt kurz darauf. Der 220 wird allgemein als das Modell angesehen, das die Marke Datsun auf dem amerikanischen Markt etabliert.

▲ Der 1960er Datsun 222 in G-Ausführung ist 288 mm länger als der Standard-Pickup. Er verwendet als letzter kleiner Datsun-Truck eine vordere Starrachse.

achse von Blattfedern getragen wurde. Der vom Vorgänger übernommene 1,2-Liter-Vierzylinder leistete nun 60 PS, da aber die Hinterachsübersetzung mit 4,875:1 sehr kurz war, drehte der kleine Motor selbst im vierten Gang sehr hoch, was den 320 wenig autobahn- respektive highwaytauglich machte. Mittlerweile 4,18 Meter lang und 1,51 Meter breit, war der Datsun 320 für eine Nutzlast von bis zu einer Tonne zugelassen. Die 1964er Ausführung unterschied sich von den Modellen der Jahre 1961-63 vor allem durch den neu gestalteten Kühlergrill.
Die bisher vorgestellten Datsun-Trucks waren streng genommen Pkw mit Ladefläche, Ableger der Limousinen, auf deren Plattform sie ruhten. Anders verhält es sich mit dem 1966er Datsun A211 Cablight 1150, denn er war ein eigenständiges Lkw-Modell ohne Pkw-Pedigree. Im Gegensatz zu seinem spartanischen Großvater, dem 1958 vorgestellten A20, war der A221 die modellgepflegte Version des A220, der bereits 1964 auf den Markt kam und sich wesentlich ziviler und auch äußerlich gefälliger gab. Der A221 hatte im Wesentlichen einen neuen Kühlergrill, übernahm aber ansonsten die relativ luxuriöse Ausstattung des A220 mit gepolstertem Instrumentenbrett, in dem Geschwindigkeitsmesser, Temperatur- und Tankanzeige kombiniert waren. Mit wie wenig man früher Menschen glücklich machen konnte. Der A220/221 war 3,84 lang und wurde entweder von einem 1,0-Liter oder einem 1,2-Liter-Vierzylinder mit 40 oder 53 PS angetrieben.

◄ Der Datsun 320 ist als zweitüriges Single Cab mit kurzem und langem Radstand, mit größerem Fahrgastraum sowie als dreitüriger Van respektive Kombi erhältlich.

► Ein Datsun A211 Cablight von 1966 ist nur als Zweitürer erhältlich und wird im Herbst 1968 vom Nachfolgemodell Cabster ersetzt.

▲ Der Li'l Hustler zielt in den USA auf junge Singles und kinderlose Paare, die ihren Truck wie ein normales Auto nutzen und Spaß haben wollten. Die verchromte Heckstoßstange ist ein Zubehörteil vom US-Nachrüster Amco.

Der kleine Gauner

In der Ausgabe Mai 1971 der renommierten US-Autozeitschrift *Motor Trend* traten erstmals vier Pkw-basierte Pickups gegeneinander an: Auf der einen Seite die Platzhirsche Chevrolet El Camino und Ford Ranchero, auf der anderen Seite die Herausforderer aus Japan, der Toyota Hilux und der Datsun 521, in den USA als „Li'l Hustler", kleiner Gauner, bezeichnet. 1972 debütierte die Nachfolgegeneration 620, die aber unter anderem den gleichen Motor verwendete.
Im Test beschleunigte der Datsun mit seinem 1,6-Liter-Vierzylinder mit 96 PS von 0 auf 96 km/h (60 Meilen pro Stunde) in 19,6 Sekunden. Zum Vergleich: Die beiden Amerikaner mit ihren 5,7-Liter-V8-Motoren brauchten dafür 10,3 und 8,5 Sekunden (Chevy/Ford), selbst der Hilux schaffte es in 15,2 Sekunden. Trotz dieser gewaltigen Diskrepanz zwischen den großen, komfortablen und starken US-Pickups und ihren japanischen Konkurrenten war der Li'l Hustler ein großer Erfolg in Nordamerika, dem wichtigsten Exportmarkt.

Der 1973er Datsun 620 war bereits in seinem Erscheinungsbild auf den amerikanischen Kundengeschmack abgestimmt.
Der 620 bot auch mehr Modellvielfalt als seine Vorgänger, denn er war auch als Viertürer und als Chassis & Cab-Ausführung zu haben. In Nordamerika erhielt der Li'l Hustler 1974 zunächst einen 100 PS starken 1,8-Liter-Vierzylinder, der bereits im Jahr darauf durch einen 110 PS leistenden 2,0-Liter-Vierzylinder-Benziner ersetzt wurde. In anderen Ländern begnügte sich der 620 mit einem 77 PS starken 1,5-Liter, während manche Märkte mit einem 2,2-Liter-Saugdiesel mit 66 PS bedient wurden. Es gab ihn auch mit einer Dreigang-Automatik.
Um eine Lücke zu schließen zwischen den kompakten Datsun-Pickups, die auf den Bluebird-Limousinen basierten, und den Schwerlast-Lkw, die Nissan Motors seit langem unter dem Markennamen Nissan Diesel ver-

◄ Der Nissan Junior wird bis heute im Iran in Lizenz hergestellt von der Zamyad Co. in Teheran. Überall sonst auf der Welt wurde seine Produktion nach 1982 eingestellt.

treibt, wurde 1956 der Nissan Junior als mittelgroßer Truck auf den Markt gebracht und blieb bis 1982 im Bau. Außerhalb Asiens war dem Junior kein signifikanter Verkaufserfolg beschieden, daher wurde der Export schnell auf diesen Kontinent beschränkt. 141 war die Bezeichnung für die 1979 vorgestellte Version, die 92 PS aus einem 2,0-Liter-Vierzylinder herausholte. Weitere verfügbare Aggregate waren ein 1,6-Liter-Benziner und ein 60 PS starker 2,2-Liter-Diesel. Alle Motoren waren Vierzylinder. Der 141 mit dem größeren Benziner war für ein Gesamtgewicht von zwei Tonnen zugelassen. 4,65 Meter Länge, 1,69 Meter Breite und ein Radstand von 2805 mm waren die wichtigsten physischen Daten des 141.

1982 hieß Datsuns aktuelle Pkw-basierte Pickup-Baureihe 720. Sie hatte bereits zwei Jahre zuvor als Nachfolgerin der 620er ihren Einstand gegeben. Wie zuvor gab es den 720 als Single Cab, Extended Cab (wie abgebildet) und viertüriges Crew Cab, letzteres allerdings nicht in Deutschland. Eine technische Innovation des 720 war der zum ersten Mal verfügbare Allradantrieb in Datsun-Pickups. Die Motorisierung passte sich wie bei früheren Generationen den jeweiligen Marktverhältnissen an.
Hervorzuheben ist auf jeden Fall, dass Datsun seine Motorenpalette auf die stetig schärfer werdenden Abgasvorschriften in Japan und den USA umstellte. Anfangs lief der 720 noch mit dem aus früheren Zeiten übernommenen 2,0-Liter-Benziner, aber bereits 1981 trat an seine Stelle ein gleich großer Motor mit NAPS-Technologie. Das Nissan Anti-Pollution System war Bestandteil der Z-Motorenfamilie des Hauses, die sich durch eine obenliegende Nockenwelle für die Ventilsteuerung auszeichnete und für die bessere Emissionsregulierung einen Querstrom-Zylinderkopf einsetzte.
Die Z-Motorenfamilie umfasste außerdem einen 2,2- und einen 2,4-Liter-Vierzylinder, die ebenfalls später im 720 zum Einsatz kamen. Die Kraftübertragung war einem Fünfgang-Schaltgetriebe oder einer Dreigang-Automatik anvertraut. Der 720 wurde bis 1986, in Mexiko sogar bis 1991 gebaut. Ebenfalls von Bedeutung war das so genannte Rebranding in den 1980er Jahren. Damals beschloss das Unternehmensmanagement, alle Modelle auf den Markennamen Nissan umzustellen. Anfangs wurden auch die Pickups mit Schriftzügen wie „Datsun by Nissan" ausgeliefert, um später nur noch als Nissan zu firmieren.

◄ Der Datsun 720 baut auf einer Limousine namens Nissan Violet auf, die 1973 auf den Markt gekommen ist. Der Pickup wird außer in Japan auch in den USA, in Mexiko, Griechenland und Neuseeland gebaut, um die jeweiligen Exportmärkte abzudecken.

Das kommt mir spanisch vor

Und damit wären wir beim Nissan Navara angelangt, dem wohl erfolgreichsten Modell des japanischen Autoherstellers. 2005 startete die dritte Generation des Navara, die als D40 bezeichnet wird. Die Ursprünge des Navara liegen allerdings in den 1980er Jahren, als der Nachfolger des Datsun/Nissan 720, der D21 herauskam und in vielen Märkten wie etwa in Australien unter dem Namen Navara verkauft wurde.

Dem D21 folgte 1997 der D22, der bis 2004 gebaut wurde und ebenfalls unter dem Namen Navara lief, wenn auch nicht überall. Der 2005er D40 unterschied sich beträchtlich von seinen Vorgängern, war er doch auf die deutlich größere, so genannte F-Alpha-Plattform gewechselt und zum mittelgroßen Truck mutiert. Mit seinem 3198 mm langen Radstand brachte er es auf eine Gesamtlänge von beachtlichen 5,22 Metern. Zwei Benziner standen zur Wahl: ein 2,5-Liter-Vierzylinder mit 152 PS und für außereuropäische Märkte ein 4,0-Liter-V6 mit 261 PS. Dieselfans konnten zwischen einem 2,5-Liter-Vierzylinder-Turbodiesel (174 PS) und einem Dreiliter-V6-Diesel mit 231 PS wählen. Dazu gab es ein manuelles Fünf- oder Sechsganggetriebe sowie eine Fünfgang-Getriebeautomatik. D40-Navaras hatten zuschaltbaren Allradantrieb, der per Drehschalter am Armaturenbrett eingelegt werden konnte. Die Motorkraft wurde dann zu gleichen Teilen an Vorder- und Hinterräder geschickt. Für schweres Gelände gab es zusätzlich eine Untersetzung mit Sperrdifferenzial.

Die heutige Generation des Nissan Navara wird mit dem Code D23 bezeichnet und wurde 2014 fast auf der ganzen Welt eingeführt. Äußerlich zeigt sich der Navara wenig verändert gegenüber seinem direkten Vorfahren, unter dem Blech hat sich dagegen einiges getan. Der Radstand wurde auf 3150 mm gekürzt, wäh-

▼ Der Nissan Navara leitet seine Bezeichnung von der gleichnamigen Region in Nordspanien ab, die sich allerdings „Navarra" schreibt. Der Navara für den europäischen Markt wird in Barcelona gebaut, das wiederum zu Katalonien gehört.

rend die Länge mit 5,25 Meter sogar leicht gewachsen ist. Die Ladefläche ist jetzt 67 mm länger und misst knapp 1,58 Meter. Die nach wie vor starre Hinterachse ist nun, zumindest beim abgebildeten Modell mit Doppelkabine, schraubengefedert, eine Premiere bei japanischen Pickups.
Bei der King Cab-Version mit hinteren Selbstmördertüren bleibt es bei hinteren Blattfedern. Deren Ladefläche ist übrigens 1,79 Meter lang. Einen neuen Motor gibt es auch, einen 2,3-Liter-Vierzylinder-Turbodiesel wahlweise mit 160 oder 190 PS mit Doppelturbolader. Er soll laut Nissan bis 24 Prozent weniger Kraftstoff gegenüber seinem Vorgänger verbrauchen. Der D23-Navara ist für eine Tonne Zuladung und bis zu 3,5 Tonnen gebremste Zuglast zugelassen. Um das alles zu tragen und/oder zu schleppen, benötigt der Pickup die Hilfe eines Sechsgang-Schaltgetriebes oder einer Siebengang-Getriebeautomatik. Double Cab-Navaras sind serienmäßig mit Allradantrieb ausgestattet, der King Cab ist auch in 2WD-Ausführung zu haben. Interessant ist noch die folgende Tatsache: Der Navara wird auch von der Nissan-Schwestermarke Renault unter dem Namen Alaskan angeboten, hier in einer Sonderversion der französischen Verkehrswacht.

► Der Renault Alaskan, ein Klon des Nissan Navara, verwirklicht hier das EnGuard-Konzept von Nissan, mit dem das Unternehmen auf der Motor Show in Hannover 2016 seinen Pickup für Rettungs- und Notdienste empfahl.

▼ Ein typisches Pickup-Problem ist die ruppige Federung bei Fahrten ohne Ladung. Nissan verspricht Käufern des D23-Navara Double Cab mehr Pkw-ähnlichen Fahrkomfort dank der neuen Hinterachsaufhängung mit Schraubenfedern.

Die außergewöhnliche Nation

Im vorigen Absatz wurde berichtet, dass FAST die ganze Welt den neuen D23 erhalten hat. Die große Ausnahme ist Nordamerika, wo weiterhin der D40 gebaut und wie schon seine D21- und D22-Vorgänger unter dem Namen Nissan Frontier verkauft wird. Der wichtigste Unterschied zum Navara, abgesehen vom Modellwechsel, ist die Motorisierung. Der Frontier ist nur mit Benzinmotoren zu haben. In den billigeren Ausstattungsversionen S und SV mit Heckantrieb arbeitet serienmäßig ein 2,5-Liter-Vierzylinder mit doppelter obenliegender Nockenwelle, der 152 PS leistet. Der SV ist auch mit dem zweiten verfügbaren Motor, einem 4,0-Liter-V6 mit 261 PS zu haben und das sowohl in 2WD- als auch in 4WD-Ausführung. Die höheren Ausstattungsreihen DR und Pro-4X gibt es nur mit dem Sechszylinder.

Ein ganz und gar exklusiv amerikanischer Pickup ist der Titan, der von Nissans US-Dependance ausschließlich für den nordamerikanischen Markt entwickelt wurde. Bei ihm handelt es sich um einen Full Size-Truck á la Ford F-Series oder Chevrolet Silverado, mit denen er unmittelbar konkurriert, und das seit Modelljahr 2004. Der aktuelle Nissan Titan ist seit 2016 auf dem Markt, und seither gibt es ihn auch in XD-Ausführung. Diese Version verwendet einen stärkeren Kastenrahmen, den der XD von Nissans Schwerlastern übernommen hat.

Titan und Titan XD sind in drei Varianten erhältlich, als zweitüriges Single Cab, viertüriges King Cab mit den mittlerweile obligatorischen Selbstmördertüren hinten und als viertüriges Crew Cab mit konventionell angeschlagenen Hecktüren. Der Titan ist in allen drei Varianten 5,79 Meter lang, 2 Meter breit und wiegt leer mindestens knapp 2,4 Tonnen. Die Ladeflächenlänge ist hier die Variable, beim Single Cab sind es 2,43 Meter, beim Crew Cab 1,70 Meter und beim King Cab ziemlich genau 2 Meter. Der Titan XD ist 6,16 Meter lang, 2,05 Meter breit und wiegt leer in der leichtesten Aus-

▲ Der 2019er Nissan Frontier bleibt auf Basis des Vorgängermodells D40. Anders als der Navara ist der Frontier nur mit Benzinmotoren erhältlich.

führung etwas über 3 Tonnen. Die Ladeflächenlängen entsprechen denen der „normalen" Titan-Pickups.
Die Unterschiede zum XD werden vor allem in den Zuladungs- und Anhängelastkapazitäten deutlich: Der Titan Single Cab darf bis zu 4,4 Tonnen ziehen und 875 kg zuladen, beim Titan XD in der gleichen Variante sind es 5,8 Tonnen Anhängelast und 1,1 Tonnen Zuladung. Titan und Titan XD werden gleichermaßen von einem 5,6-Liter-V8 mit 390 PS angetrieben. Der Achtzylinder ist eine Nissan-Eigenentwicklung und gehört zur VK-Motorenfamilie. Er hat einem Motorblock aus Aluminium, doppelte obenliegende Nockenwellen (DOHC-Technik) und Vierventiltechnik. Er treibt auch die Nissans-SUV Patrol und Armada an, den bereits erwähnten Lieferwagen NV und nicht zuletzt die Autos der unternehmenseigenen Luxusmarke Infiniti.
Im Titan XD gibt es aber auch einen Diesel, was mittlerweile unverzichtbar ist in der Heavy Duty Klasse amerikanischer Pickups. Es handelt sich um einen 5,0-Liter-V8-Turbodiesel, ebenfalls mit DOHC-Zylinderkopf und Vierventiltechnik. 310 PS liegen an bei diesem vom hervorragend beleumundeten US-Motorenhersteller Cummins gelieferten Aggregat. Schaltgetriebe sucht man bei Titan und Titan XD vergebens, stattdessen ist der Benziner mit einer Getriebeautomatik mit sieben Vorwärtsgängen verbunden, beim Diesel sind es sechs Gänge. Der Titan wird nicht exportiert, schon gar nicht nach Europa.

◄ Der 2019er Nissan Titan XD ist eine Heavy Duty-Ausführung des Titan und ruht auf einem stärkeren Chassisrahmen, den er sich mit dem Nissan NV teilt, einem Full Size-Van für den US-Markt.

PEUGEOT

Die mit dem Löwen

Die allseits bekannte französische Automarke Peugeot, offiziell Peugeot Societé Anonyme (PSA), seit kurzem Inhaber der Adam Opel AG und damit Europas zweitgrößter Automobilhersteller, war lange Zeit auch dezidierter Anbieter von Pickups auf Basis der Pkw-Baureihen. Der wohl bekannteste war der Peugeot 504, der 1968 auf den Markt kam. Elf Jahre später folgte die Pickup-Version, die hier etwas näher betrachtet werden soll.

Der Radstand des Pickups war mit 3000 mm identisch mit dem des 504 Kombi, die Länge betrug 4,75, die Breite 1,71 Meter. Das, was einen Pickup ausmacht, seine Ladefläche, war beim Zweitürer zwei Meter lang und 1,35 Meter breit, was einer Nutzfläche von 2,7 Quadratmetern entsprach. Er durfte eine Nutzlast von 1,2 Tonnen tragen und eine gebremste Anhängelast von 1,3 Tonnen ziehen.

Die dafür benötigte Kraftquelle war entweder ein vierzylindriger 1,6-Liter-Benziner mit 62 PS oder ein 1,9-Liter-Diesel mit 49 PS, ebenfalls ein Vierzylinder. 1987 traten ein 1,8-Liter-Benziner mit 81 PS und ein 2,3-Liter-Diesel mit 70 PS an ihre Stelle, wiederum beides Vierzylinder. Dazu gab es anfangs ein Viergang-, später ein Fünfgang-Schaltgetriebe. Der 504 war heckgetrieben, aber ab Juli 1981 kam eine Version mit Allradantrieb dazu, die vom französischen 4x4-Spezialisten Dangel aus dem elsässischen Sentheim geliefert wurde. Der 4WD-Pickup hatte größere Bodenfreiheit und verstärkte Fahrwerkskomponenten für den Geländeeinsatz.

Der 504 Pickup hatte vorn Einzelradaufhängung mit MacPherson-Federbeinen und hinten eine Starrachse mit Blattfedern. Die Karosserie war selbsttragend sowohl als Zwei- als auch als Viertürer erhältlich. Hinzu kam ein Chassis & Cab-Modell, das Nachrüster wie die französische Firma Heuliez für Sonderaufbauten nutzen konnte. Solche Aufbauten konnten eine Pritsche mit herabklappbaren Seitenwänden, ein Heck- oder Dreiseitenkipper, ein abnehmbarer Kofferaufbau sowie ein Kastenwagen sein.

Der deutsche Reisemobilhersteller Bimobil bot schon 1979 eine absetzbare Campingkabine für die Ladefläche des 504 Pickup an. Darin fanden sich eine Kochnische, eine Waschgelegenheit, eine Sitzgruppe für vier Personen, diverse Einbauschränke und eine Heizung. Gesamtgewicht: 450 kg. Insgesamt wurden etwa 300 dieser Kabinen gebaut. Ein billiges Vergnügen war das nicht, denn der Zusatzaufbau kostete 11.000 Mark, der Pickup selbst 13.540 Mark.

Von seinem Freizeitwert einmal abgesehen war der 504 Pickup in erster Linie als robuster, langlebiger Transporter gedacht, eine Aufgabe, die er vor allem in Afrika mit Bravour bewältigte. Er wurde in Kenia, in Südafrika

◀ Vorläufer: Peugeot hatte immer wieder Nutzfahrzeug-Varianten im Angebot. Vor dem legendären 504 war das der 404 Camionette, hier in 1970er-Ausführung.

und Nigeria ebenso gebaut wie in seinem Heimatland und zu einem ebenso alltäglichen Anblick wie es heutzutage der Toyota Landcruiser ist. Lokale Versionen des 504 entstanden außerdem in Spanien, in Taiwan und in der Volksrepublik China, wo ein Unternehmen namens Guangzhou Peugeot Automobile Company den Pickup von 1989 bis 1997 in Lizenz unter dem Namen „Guangzhou-Peugeot GP 7200" produzierte
In Europa endete die Herstellung des 504 Pickup im Jahre 1993, die von Limousine und Kombi war bereits zehn Jahre zuvor eingestellt worden. Produktionsanlagen und Werkzeuge wurden nach Argentinien verkauft, wo der 504 noch bis zur Jahrtausendwende gebaut wurde.

▲ Der letzte Peugeot 504 Pickup lief Ende 1993 vom Band, aber die Produktion der Limousine hielt noch über zehn Jahre länger an. Der wirklich allerletzte Peugeot 504 wurde 2005 in Nigeria hergestellt und steht heute im Peugeot-Museum in Sochaux, Frankreich.

RIVIAN

Die Zukunft lässt grüßen

Wie man allenthalben hört, hat der Verbrennungsmotor keine Zukunft. Die Ölvorräte der Welt sind endlich, außerdem emittieren Benziner und Diesel Kohlendioxid und Stickoxide und andere unerfreuliche Schadstoffe, die die Erdatmosphäre aufheizen und Mensch und Tier vergiften. Immer mehr Städte weltweit erlassen Fahrverbote oder belasten Autopendler mit Einfahrgebühren und manche Länder wie Norwegen wollen bereits in naher Zukunft die Neuzulassung von Autos mit Verbrennungsmotoren ganz verbieten. Kurzum, das Automobil - und seine Besitzer - sehen sich auf der Anklagebank. Flugscham, also das schlechte Gewissen, wenn man mit dem Flugzeug verreist, gibt es schon, da ist die Fahrscham nicht mehr weit.

Einerseits. Andererseits gibt es immer mehr Menschen in Ländern wie China oder Indien, die sich ihres hart erarbeiteten Wohlstandes erfreuen wollen und gerade jetzt die Vorzüge des Individualverkehrs entdecken. Auch in den so genannten entwickelten Ländern wollen die meisten Menschen nicht auf die Freiheit verzichten, mit dem eigenen Auto zu fahren, wohin sie wollen und wann sie wollen. Allen Bekenntnissen zu mehr Umweltschutz zum Trotz lassen sie die klassische Familienlimousine links liegen und kaufen sich SUVs und Pickups, weil die so praktisch sind und man so schön hoch sitzt. Mehr Klimaschutz fordern, aber Kleinlaster fahren, wie passt das zusammen?

Ziemlich gut, wenn man den Enthusiasmus ernst nimmt, der der Elektromobilität entgegen gebracht wird. Wie an anderer Stelle erwähnt, ist sie eigentlich ein alter

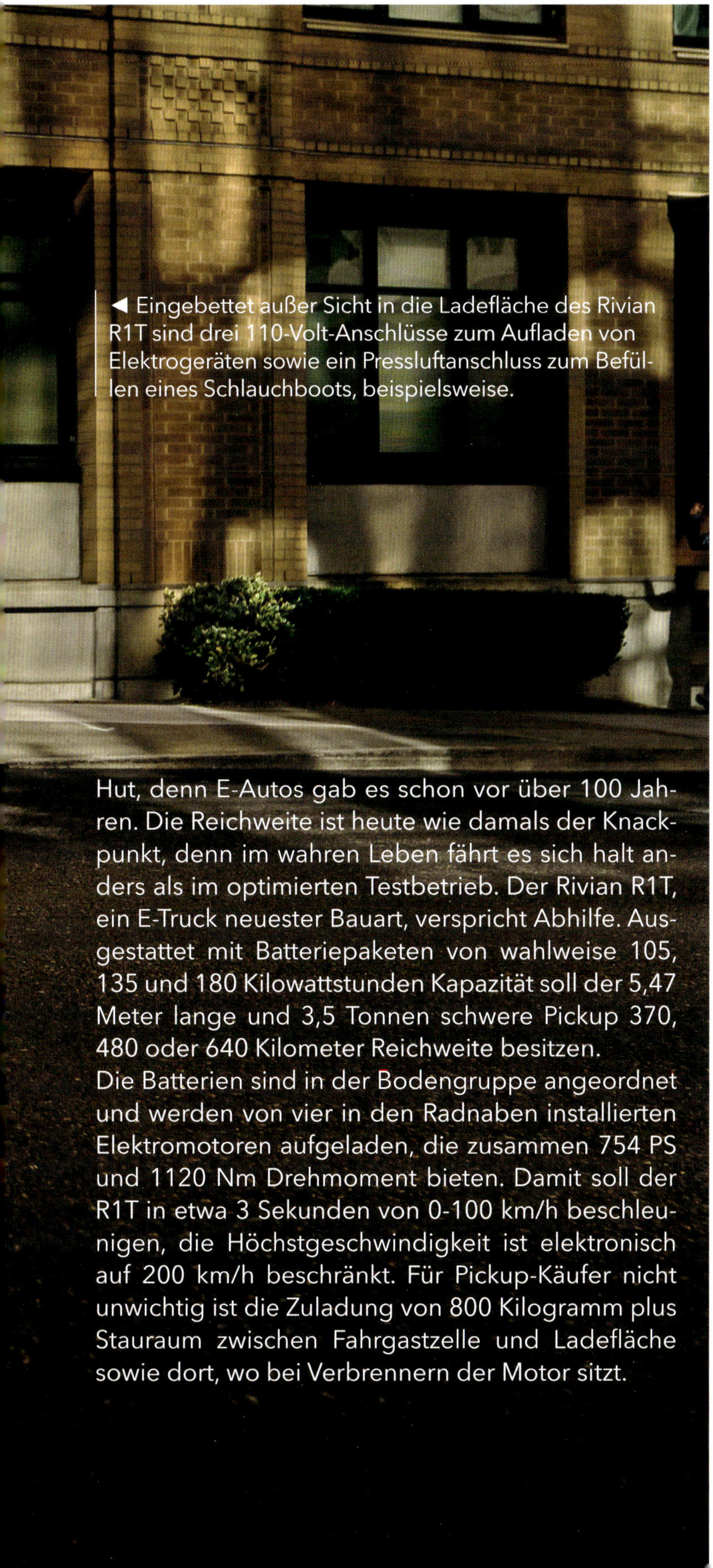

◀ Eingebettet außer Sicht in die Ladefläche des Rivian R1T sind drei 110-Volt-Anschlüsse zum Aufladen von Elektrogeräten sowie ein Pressluftanschluss zum Befüllen eines Schlauchboots, beispielsweise.

▲ Rivian bezeichnet die kombinierte Batterieplattform/Bodengruppe, auf der das Fahrzeug ruht, passenderweise als Skateboard Chassis.

Hut, denn E-Autos gab es schon vor über 100 Jahren. Die Reichweite ist heute wie damals der Knackpunkt, denn im wahren Leben fährt es sich halt anders als im optimierten Testbetrieb. Der Rivian R1T, ein E-Truck neuester Bauart, verspricht Abhilfe. Ausgestattet mit Batteriepaketen von wahlweise 105, 135 und 180 Kilowattstunden Kapazität soll der 5,47 Meter lange und 3,5 Tonnen schwere Pickup 370, 480 oder 640 Kilometer Reichweite besitzen.
Die Batterien sind in der Bodengruppe angeordnet und werden von vier in den Radnaben installierten Elektromotoren aufgeladen, die zusammen 754 PS und 1120 Nm Drehmoment bieten. Damit soll der R1T in etwa 3 Sekunden von 0-100 km/h beschleunigen, die Höchstgeschwindigkeit ist elektronisch auf 200 km/h beschränkt. Für Pickup-Käufer nicht unwichtig ist die Zuladung von 800 Kilogramm plus Stauraum zwischen Fahrgastzelle und Ladefläche sowie dort, wo bei Verbrennern der Motor sitzt.

Das Unternehmen Rivian – der Name ist ein Anagramm von Indian River, ein Fluss in Florida, an dessen Ufern R. J. Scaringe, der Vorstandsvorsitzende des Startups, aufwuchs – existiert bereits seit zehn Jahren, blieb aber zunächst unter dem Radar der Öffentlichkeit. Erst Ende 2018 stellte Rivian auf der Los Angeles Auto Show das Ergebnis seiner jahrelangen Entwicklungsarbeit vor und erregte beträchtliches Aufsehen. Anders als bei vielen Startups, die vor allem heiße Luft produzieren, geht Rivian systematisch und professionell ans Werk, wie sowohl Fachpresse als auch Konkurrenz feststellen mussten.
Der Chef der Entwicklungsabteilung, Mark Vinnels, kommt von McLaren und bringt handfeste Erfahrung mit. Eine Produktionsstätte in Normal, Illinois, wurde Mitsubishi abgekauft und wird für die Serienproduktion des R1T und seines SUV-Bruders, des R1S, umgebaut. Beginn der Fertigung und Auslieferung ist für den Herbst 2020 vorgesehen, zunächst in den USA, später auch in Europa. Der luxuriöse R1T soll in Amerika etwa 70.000 Euro kosten einschließlich Steuergutschrift, hierzulande dürften es rund 100.000 Euro sein. Ob ein Truck wie der Rivian zur Lösung unserer Umweltprobleme beiträgt oder doch nur ein hochentwickeltes ökologisches Feigenblatt sein wird, bleibt abzuwarten. Der Trend zum E-Pickup ist jedoch erkennbar, will doch beispielsweise Ford seine F-Series ebenfalls in naher Zukunft in Elektroausführung anbieten.

SSANGYONG

Angriff des Drachens

SsangYong (Koreanisch für „Zwillingsdrache") ging aus zwei Vorläuferunternehmen hervor und firmierte ab 1988 unter dem Dach der SsangYong Group, einem typisch koreanischen Mischkonzern, der außer im Automobilbau auch in der Papier- und der Zementherstellung, im Baugewerbe und in der Schifffahrt aktiv war. Die Finanzkrise, die Ostasien 1997 heimsuchte, brachte die SsangYong Group an den Rand des Bankrotts und führte letztendlich zu ihrer Zerschlagung. Das Automobilsegment wurde zunächst von Daewoo Motors, dem koreanischen Zweig von General Motors aufgekauft, um 2010 schließlich vom Mehrheitsaktionär Mahindra & Mahindra Ltd., einem indischen Großunternehmen, übernommen zu werden.

SsangYong ist heute der viertgrößte Automobilhersteller Südkoreas und bietet gegenwärtig neben SUV auch den Pickup Musso an, der auch in Deutschland verkauft wird. Musso bedeutet auf Koreanisch Rhinozeros. Der Musso ist ein 5095 mm langer und 1950 mm breiter Viertürer mit klassischem Leiterrahmen auf 3100 mm Radstand. Er wird von einem 181 PS starken 2,2-Liter-Vierzylinder-Diesel mit Direkteinspritzung angetrieben und kann sowohl als Hecktriebler als auch mit zuschaltbarem Allradantrieb geordert werden, wahlweise in Kombination mit einem 6-Gang-Schalt- oder -Automatikgetriebe. Bei einem Leergewicht von rund zwei Tonnen darf er 850 kg Zuladung transportieren und ist für eine gebremste Anhängelast von drei Tonnen zugelassen.

Der Verkaufserfolg von SsangYong in Deutschland

▲ Der 2019er SsangYong Musso teilt sich die Plattform mit dem SUV Rexton. Er wurde 2018 der Öffentlichkeit vorgestellt.

lässt aus Sicht des Herstellers zu wünschen übrig, der Marktanteil der koreanischen Marke lag zuletzt bei 0,1 Prozent. Um mehr Kunden anzulocken, wurde auf dem Genfer Autosalon 2019 der Musso Grand vorgestellt, die Langversion, die nun auch in Europa angeboten wird. Gegenüber seinem kleinen Bruder ist der Musso Grand um 310 mm länger, was sich sowohl im Radstand von 3210 mm als auch in der längeren Ladepritsche von 1,61 statt 1,30 Metern ausdrückt. Zuladen darf der Musso Grand auch deutlich mehr, nämlich 1062 kg. Motor, Getriebe und Antriebsstrang sind gegenüber dem regulären Musso unverändert, die Serienausstattung darf man bei beiden Modellen getrost als üppig bezeichnen. Wer angesichts der (noch) geringen Verkaufszahlen des Musso die Nase rümpft, der sei daran erinnert, dass die ersten japanischen Anbieter in Europa und Nordamerika mit der gleichen Skepsis und Geringschätzung empfangen wurden, was in den 90ern auch koreanischen Firmen wie Kia oder Hyundai widerfuhr. Dieser euroamerikanische Hochmut löste sich angesichts der immer besseren Produktqualität und überragenden Serienausstattung der Fahrzeuge aus Fernost sehr bald in Luft auf, und so gehören heute japanische und koreanische Autos vollkommen selbstverständlich zum Straßenbild auf beiden Seiten des Atlantiks. Wer weiß, ob nicht in zehn Jahren chinesische Fahrzeuge in großer Zahl auch auf unseren Straßen zu sehen sind.

▼ Ein 2019er SsangYong Musso Grand. Es gab bereits von 1993 bis 2005 einen SsangYong Musso als Pickup und als SUV, der Motoren von Daimler-Benz hatte.

TOYOTA

Der Musterknabe

Der zweifellos bekannteste japanische Autohersteller – und der größte – ist die Toyota Motor Corporation, deren Hauptquartier praktischerweise in Toyota City, Japan, liegt. Noch vor zwei Jahren war Toyota auch der größte Automobilhersteller der Welt, um dananch ganz knapp von Volkswagen überholt zu werden. Toyota war der erste Hersteller weltweit, der mehr als zehn Millionen Fahrzeuge im Jahr produziert, was das Unternehmen seit 2012 Jahr für Jahr tut.

Die hauseigenen Pkw und Lkw werden oder wurden unter fünf verschiedenen Namen vermarktet – Toyota, Hino, Lexus, Ranz und Daihatsu. Toyota ist Pionier und Weltmarktführer bei Hybridfahrzeugen und hält kleinere Anteile an seinen japanischen Wettbewerbern Subaru, Isuzu und Mazda. Die Toyota Motor Corporation ist Teil der Toyota Group, eines riesigen Industriekonglomerats, das auch in Bereichen wie Schiffbau, Luft- und Raumfahrt, Robotik und Biotechnologie aktiv ist.
Gegründet wurde die Toyota Motor Corporation im

Jahre 1937 von Kiichiro Toyoda als früherer Ableger des väterlichen Unternehmens Toyota Industries mit dem erklärten Zweck des Einstiegs in den Automobilbau. 1934 kam das erste Produkt heraus, der Motor Typ A, 1936 das erste eigene Fahrzeug, der Toyota AA. Der erstaunliche Aufstieg und überragende Erfolg des Unternehmens nach dem Zweiten Weltkrieg gehen ganz wesentlich auf die Philosophie des Kaizen zurück, was so viel bedeutet wie „ständige Verbesserung". Nicht nur Toyota, sondern die gesamte japanische Industrie war und ist von dieser Philosophie durchdrungen.
Ältere Leser werden sich noch an Zeiten erinnern, als japanische Autos den Ruf hatten, billig und schlecht zu sein. Diese Zeiten sind lange vorbei, und japanische Autos, allen voran Toyota, setzen seit vielen Jahren Maßstäbe bei Ausstattung, Preiswürdigkeit, Material- und Fertigungsqualität und nicht zuletzt Zuverlässigkeit. Eines der wichtigsten Elemente bei diesem kontinuierlichen Verbesserungsprozess heißt Just-In-Time. Einer viel zitierten Geschichte zufolge soll Mr. Toyoda bei einem Besuch in den USA in den 1950er Jahren vor allem von den Supermärkten beeindruckt gewesen sein. Er studierte intensiv, wie die Supermärkte es schafften, stets das komplette Warensortiment in ausreichender Menge zur richtigen Zeit und am richtigen Ort anzuliefern und anzubieten, ohne dass Verzögerungen oder Mangelsituationen auftraten – was so mancher deutsche Supermarkt bis heute nicht schafft. Dieses Waren- und Personalmanagement inspirierte Just-In-Time und setzte die Maßstäbe, die heutzutage praktisch weltweit gelten.

◀ Toyota Stout, Modelljahr 1966: Der Name bedeutet in substantivischer Form soviel wie „Starkbier", bei der Taufe ging es aber wohl eher um das Eigenschaftswort, das „kräftig" oder „stämmig" bedeutet.

Die ersten Toyota-Trucks

1947 stieg Toyota in die Produktion von Kleinlastern ein. Der erste Versuch war der SB, ein auf dem Pkw SA basierender Truck, der nur in Japan und einigen anderen asiatischen Ländern ohne durchschlagenden Erfolg verkauft wurde. Besser erging es da dem 1954 vorgestellten RK, der 1959 in Stout umbenannt und bis 1989 gebaut wurde. Der RK/Stout war größer und schwerer als der SB und sein direkter Ableger SG und für eine Zuladung von 1,5 Tonnen gedacht. Den Stout gab es als Zwei- und als Viertürer.
Im technischen Aufbau folgte der Stout der universalen Formel seiner Zeit: Leiterrahmen, Starrachsen mit Blattfedern vorne und hinten, Trommelbremsen rundum. Ab 1963 gab es allerdings eine kürzere und leichtere Ausführung unter dem Namen Light oder Lite Stout (klingt wie ein alkoholfreies Bier) mit vorderer Einzelradaufhängung und Schraubenfedern. Dieses Modell wurde auch in die USA exportiert und von 1964 bis 1969 dort angeboten. Im ersten Jahr sollen gerade einmal vier Stück verkauft worden sein.
Der hier abgebildete Truck ist ein Stout 1900 für den US-Markt. Der Zusatz „1900" bezieht sich auf den Motor, einen 1,9-Liter-Vierzylinder-Benziner. Anderswo gab es den Stout üblicherweise mit einem 1,5-Liter-Vierzylinder mit 70 PS. Die Kraftübertragung besorgte stets ein Viergang-Schaltgetriebe. Alle Stouts hatten Heckantrieb. Der Stout wurde übrigens ab 1961 auch in Südafrika in beachtlichen Stückzahlen gebaut: Zwischen 1961 und 1975 wurden dort 17.500 Stouts verkauft, die meisten davon waren in Toyotas örtlichem Werk in Durban montiert worden. Mit dem Stout etablierte sich Toyota auf dem afrikanischen Kontinent, wo die Produkte des Unternehmens heute allgegenwärtig sind.

Hilux: Name und Markenzeichen

Der Hilux dürfte wohl Toyotas bekanntester Truck sein, womöglich der bekannteste japanische Pickup überhaupt. Er kam 1968 heraus, um das werkseigene Kleinlaster-Sortiment nach unten zu ergänzen. Größen- und zuladungsmäßig war er unter dem Stout angesiedelt, den er allerdings in einigen Märkten, vor allem in Nordamerika, komplett ersetzte.

Hilux, manchmal auch Hi-Lux oder HiLux geschrieben, stand und steht für High Luxury, ein relativer Begriff. Im Vergleich zum Stout war er wohl auch ziemlich luxuriös und komfortabel mit seiner vorderen Einzelradaufhängung mit Doppelquerlenkern und Schraubenfedern. Gegenüber beispielsweise amerikanischen Pickups kam er eher ruppig daher, wie die Tester der Zeitschrift *Motor Trend* im April 1971 feststellten, als sie den Hilux und den Datsun Li'l Hustler gegen Chevrolet El Camino und Ford Ranchero antreten ließen. Beeindruckt zeigten sie sich dagegen vom niedrigen Preis und dem (für damalige Zeiten) geringen Benzinverbrauch von etwa 10 l/100 km. Die Amerikaner konsumierten fast das Doppelte.

Die erste Hilux-Generation, der auch der hier abgebildete 1971er entstammte, wurde bis 1972 gebaut. Mit 4,21 Metern Länge, 1,60 Metern Breite und einem Leergewicht von weniger als 1,1 Tonnen war er ein typischer Vertreter der Klasse kompakter Pickups, die nur die Japaner anboten. In den USA gab es nur die Kurzversion, anderswo konnte man ab April 1969 auf eine 4,69 Meter lange Ausführung zugreifen. Bei den Motoren gab es wie für den Stout einige Vierzylinder-Benziner. Ein 1971er US-Hilux wie unser Anschauungsobjekt hatte einen 1,9-Liter mit 98 PS und ein Viergang-Schaltgetriebe. In der zweiten (1972-78) erhielt der Hilux ein Fünfgang-Schaltgetriebe, in der dritten (1978-83) eine

▼ Der 1971er Toyota Hilux, hier in links gesteuerter US-Ausführung, hat eine Ladefläche von 1847 mm Länge und 1432 mm Breite, was 2,6 Quadratmetern entspricht.

▼ Die vierte Generation des Toyota Hilux bekommt 1988 einen Nachfolger, lediglich in Südafrika blieb der dort produzierte Pickup aus Kostengründen bis 1997 im Programm.

Dreigang-Getriebeautomatik und Allradantrieb, übernommen aus dem Toyota Land Cruiser. Außerdem gab es zum ersten Mal einen viertürigen Hilux. Die vierte Modellgeneration kam 1983 heraus, in Nordamerika erst 1984. Dort hatte der Hilux schon 1976 seinen Namen eingebüßt und hieß fortan schlicht Truck oder Compact Truck.
Dessen ungeachtet profitierte er gleichwohl von der Modellpflege. Da wäre zum Beispiel die Einführung des Xtra Cab zu nennen, eines Zweitürers mit 15 cm mehr Platz hinter den Sitzen. Neue Motoren gab es auch: einen 2,4-Liter-Vierzylinder mit Benzineinspritzung und zwei Dieselmotoren, ebenfalls 2,4-Liter-Vierzylinder, einer davon ein Saug-, der andere ein Turbodiesel. Den Benziner gab es 1985/86 ebenfalls mit Turbolader und 135 PS und ab 1987 den ersten V6, einen Dreiliter mit Einspritzung und 150 PS. Die Allradler gaben ihre vordere Starrachse auf und erhielten 1987 eine Einzelradaufhängung wie die Hecktriebler. Der Toyota Truck auf dem Bild ist ein Regular Cab Long Bed, also ein Zweitürer mit langer Ladefläche. Dieses Modell war 4,73 Meter lang, 1,62 Meter breit und wog rund 1,3 Tonnen.
Die nächste Generation (1988-97) wird repräsentiert von einem 1990er Toyota SR5 Xtra Cab. Genau dieses Modell hatte zwei Jahre zuvor beim Debüt der neuen Generation den renommierten „Truck of the Year Award" der US-Zeitschrift *Motor Trend* erhalten, war also zum Kleinlaster des Jahres gekürt worden. Zur Erklärung: SR5 stand für „Sport Rallye 5-Speed", ein auf Sportlichkeit abgestimmtes Ausstattungspaket, zu dem ein Fünfgang-Schaltgetriebe gehörte. Der Begriff SR5 setzte sich in Amerika so erfolgreich durch, dass der Toyota-Truck, der dort ja nicht mehr Hilux hieß, im alltäglichen Sprachgebrauch oft generell so bezeichnet wurde, ob er nun das Ausstattungspaket hatte oder nicht.
Vom US-amerikanischen Standpunkt aus wichtig war auch die Tatsache, dass ab 1991 Toyota seinen Truck und andere Modelle für den US-Markt im so genannten NUMMI-Werk in Fremont, Kalifornien, zu produzieren begann. New United Motor Manufacturing, Inc. war ein Joint Venture zwischen Toyota und Chevrolet, das von 1984 bis 2010 Bestand hatte. Heute werden in dem Werk Teslas gebaut.

▼ Die US-Version des 1990er Toyota SR5 lässt sich mit einem 3,0-Liter-V6-Benziner ordern, der 152 PS leistet. Die Qualität des V6 ist wesentlich für die Verleihung des „Truck of the Year Award" durch *Motor Trend* verantwortlich.

In den Jahren darauf folgten immer mehr ausländische Hersteller dem Vorbild Toyotas und gründeten Dependancen in den USA, um den größten und kaufkräftigsten Automobilmarkt der Welt mit Produktion direkt vor Ort bedienen zu können, darunter Honda, BMW, Mercedes-Benz und Volkswagen. Dank global organisierter Lieferketten können Autos mit Teilen aus aller Welt an praktisch jedem beliebigen Standort gefertigt werden. Die alte Formel „Made in Germany" oder „Made in Japan" hat ausgedient, heute heißt es „Made by BMW" oder eben „Made by Toyota". Das kann einem gefallen oder nicht, aber es ist und bleibt Realität.

Apropos Globalisierung: Diese Modellgeneration des Hilux wurde auch von Volkswagen in Wolfsburg und später in Emden gebaut und unter dem Namen Taro vermarktet. Hierzulande bevorzugte die Kundschaft Diesel, entweder den 2,4-Liter mit 90 oder den 2,8-Liter mit 91 PS, beides Vierzylinder-Sauger. Amerikaner gaben dem 3,0-Liter-V6 mit 152 PS den Vorzug. Diese Modellgeneration des Hilux sollte die letzte sein, die in den USA verkauft wurde. Ab 1995 stellte Toyotas US-Niederlassung ein Eigenprodukt her, den Tacoma, auf den wir noch zu sprechen kommen werden.

Der Hilux wurde in den folgenden Jahrzehnten konsequent weiterentwickelt und ist fast überall auf der Welt bis zum heutigen Tag im Programm. Wir überspringen wieder drei Generationen und wenden uns dem gegenwärtigen Modell zu, das 2015 seinen Einstand gab und hier als 2016er Jahrgang zu sehen ist. Wie zuvor gibt es Toyotas Erfolgsmodell in einer Fülle von Varianten für die unterschiedlichen Märkte der Welt. In Deutschland und den meisten europäischen Ländern wird er wie gewohnt als Single, Extra und wie hier als Double Cab angeboten. Radstand (3085 mm) und Län-

▲ Bereits in den 1990er Jahren hat sich der Toyota Hilux auch in Deutschland als feste Größe auf dem Markt für leichte Nutzfahrzeuge fest etabliert. Toyotas deutsches Hauptquartier ist in Köln angesiedelt.

▲ Ab 1995 gibt es den T100 mit einem 190 PS starken 3,4-Liter-V6. Damit schlägt er sowohl den Ford F-150 als auch den Chevy Silverado C1500 beim Beschleunigen, trotz deren V8-Motoren.

ge (5330 mm) sind bei allen Varianten identisch, die Länge der Ladeflächen variiert.
Unter der Motorhaube: Ein 2,4-Liter-Diesel, 150 PS, kombiniert mit einem 6-Gang-Schaltgetriebe oder einer 6-Gang-Automatik. Damit beschleunigt das Double Cab-Modell nach Werksangaben in 12,8 Sekunden von 0-100 km/h, mit Schaltgetriebe dauert es 0,4 Sekunden länger. Die Höchstgeschwindigkeit wird in beiden Fällen mit 170 km/h angegeben. Was die Offroad-Eigenschaften angeht, so hat der Hilux eine Bodenfreiheit von 293 mm und bewältigt einen Böschungswinkel von 31° vorne und 21° hinten. Auch als Lasttier kann er sich sehen lassen: Bis zu 1060 kg darf er zuladen und bis zu 3050 kg ziehen. Im Laufe seiner Existenz und Modellentwicklung hat sich der Toyota Hilux eine Reputation als grundsolide, zuverlässig und nahezu unzerstörbar erworben und redlich verdient, wie der Autor aus persönlicher Kenntnis bestätigen kann.

▼ In Deutschland gibt es den aktuellen Toyota Hilux nur mit einem 2,4-Liter-Vierzylinder-Diesel, in anderen Teilen der Welt stehen noch acht weitere Motoren zur Wahl: Der stärkste internationale Diesel leistet 177 PS, der stärkste Benziner 235 PS.

The American Way

▲ Der Toyota Tacoma PreRunner ist ab 1998 verfügbar. Im Rallyesport bezeichnet der Begriff ein Fahrzeug, mit dem Rennteams eine Strecke vor Beginn des eigentlichen Rennens abfahren, um sie so besser kennenzulernen.

Toyota versteht es ausgezeichnet, sich an die Bedingungen unterschiedlichster Märkte anzupassen und auf die Bedürfnisse der jeweiligen Kundschaft einzugehen. Das trifft in besonderem Maße auf den wichtigsten Exportmarkt, die USA, zu. Dort bietet Toyota eigene Modelle an, die es sonstwo kaum oder gar nicht gibt. Ein Beispiel ist der Toyota Tacoma, benannt nach einer Stadt in der Nähe von Seattle im US-Bundesstaat Washington im Nordwesten des Landes respektive nach dem Namen der Ureinwohner für den dort gelegenen Mount Rainier.

Der Tacoma ersetzte ab 1995 den Hilux in den USA als Pickup in der Kompaktklasse. Bei seiner Entwicklung gingen die Ingenieure vor allem auf die Kritik vieler Käufer ein, dass der Vorläufer Hilux zu hart und unbequem sei, zu truckmäßig eben. Pickups in dieser Klasse wurden in den USA und Kanada schon damals mehrheitlich wie ganz normale Autos genutzt und nicht als Lastesel, also mussten sie Pkw-ähnlicher werden, um Kunden anzulocken, was dem Tacoma auch gelang.

Vielseitig war er obendrein, gab es ihn doch als Regular, Extra und ab 1998 auch als Double Cab. Es gab drei Benziner zur Auswahl: 2,4-Liter-Vierzylinder mit 142 PS, 2,7-Liter-Vierzylinder mit 150 PS und 3,4-Liter-V6 mit 190 PS, Kraftübertragung mittels 5-Gang-Schalt- oder 4-Gang-Automatikgetriebe sowie Heck- oder zuschaltbarem Allradantrieb. Der Tacoma war, je nach Karosserieversion und Baujahr, zwischen 4,44 und 5,15 Meter lang bei Radständen von 2624 bis 3096 mm. Der hier abgebildete Tacoma PreRunner Double Cab ist ein Modell von 2001. Sein Erscheinungsbild ist das Resultat eines Facelifts in jenem Jahr.

Der Name PreRunner bezeichnete einen heckgetriebenen Tacoma mit höher gelegtem Fahrwerk, der also aussah wie ein 4WD-Modell, aber keinen Allradantrieb hatte. Etwas für Leute, die den 4x4-Look zu schätzen wissen, aber keinen Allradantrieb benötigen und auch nicht den höheren Kaufpreis dafür zahlen wollen. Der PreRunner erfreute sich bei der Kundschaft großer Beliebtheit. Diese erste Tacoma-Modellgeneration wurde bis 2004 gebaut, mittlerweile gibt es seit 2016 die dritte.

Die Schwergewichte

Trotz des Markterfolges des Hilux und später des Tacoma wollte sich Toyota nicht damit zufrieden geben, bloß in der Nische der kompakten und mittelgroßen Pickups tätig zu sein. Es war den Japaners vollkommen klar, dass Full Size Trucks wie der Ford F-150 oder der Dodge Ram die großen Gewinner im US-Verkaufswettbewerb waren und sind und obendrein die größte Profitmarge haben. Großes Auto = großer Gewinn, kleines Auto = kleiner Gewinn. Das war früher so und ist es bis heute. Dieses hochprofitable Marktsegment wollte Toyota auf keinen Fall den amerikanischen Konkurrenten überlassen und stieg deswegen im Jahr 1993 mit einem eigenen, exklusiv amerikanischen Angebot ein, dem Toyota T100, hier als SR5 mit Allradantrieb.

Gebaut in Japan bei der Toyota-Tochter Hino und in die USA exportiert, war der T100 deutlich größer als der Hilux und die US-Pickups Ford Ranger oder Dodge Dakota. Mit seinen 5,31 Meter Länge und 1,91 Meter Breite sowie einem Radstand von 3094 mm konnte er größenmäßig dennoch nicht mit den typischen Schwergewichten von General Motors, Ford und Chrysler mithalten. Erschwerend kam hinzu, dass er anfangs nur wie abgebildet als Regular Cab (zweitüriger Dreisitzer) zu haben war. Erst während des Modelljahres 1995 kam ein Xtra Cab-Modell dazu.

Noch problematischer war die Tatsache, dass der T100 keinen V8-Motor bot. Das einzige verfügbare Aggregat war Toyotas 3,0-Liter-V6 mit 150 PS und einem Fünfgang-Schaltgetriebe, eine Kombination, die auch im kleineren Hilux zu haben war. Nicht, dass der T100 ein schlechter Truck gewesen wäre, in puncto Zuverlässigkeit und Wirtschaftlichkeit machte er dem Namen Toyota alle Ehre, er war bloß, um es auf den Punkt zu bringen, nicht amerikanisch genug für den US-Markt.

Toyotas zweiter Anlauf war deutlich entschlossener und brachte den Tundra hervor, einen Full Size-Truck á l'américaine, wie ihn die Amerikaner selbst nicht besser machen konnten. Im Mai 1999 kam er auf den Markt als 2000er Modell. Hier ist ein 2003 Toyota Tundra StepSide Access Cab zu sehen. StepSide steht für die in die ausladenden hinteren Kotflügel eingelassenen Trittstufen, eine Hommage an die klassischen US-Pickups gleicher Bauart. Access Cab ist die Bezeichnung für

▼ Die ursprünglich geplante Modellbezeichnung des neuen Japan-Trucks lautet T150, aber Konkurrent Ford findet das seinem F-150 zu ähnlich und verklagt erfolgreich die Japaner, die daraufhin den unverfänglicheren Namen Tundra wählen..

die Fahrerkabine mit den hinteren Selbstmördertüren, die alle Konkurrenten früher oder später ins Programm nahmen oder schon eingeführt hatten.
Außerdem gab es ein zweitüriges Regular Cab und ab 2004 auch ein konventionelles viertüriges Crew Cab. Auch in dieser Hinsicht ahmte man die US-Konkurrenz nach. Der Tundra, äußerlich an seine Stallgefährten Tacoma und T100 angelehnt, borgte sich von ihnen den 3,4-Liter-V6, allerdings nur als Basismotorisierung. An den unabdingbaren V8 hatte Toyota auch gedacht. Der 4,7-Liter hatte anfangs 245 PS, später bis zu 282.
Bei genauem Hinsehen entdeckt man auf dem hinteren Koflügel die Bezeichnung TRD, was für „Toyota Racing Development" steht, die konzerneigene Rennabteilung. Sie versah den Tundra-V6 und -V8 mit Turboladern, wodurch der Sechszylinder nun 264 statt 193 PS leistete und der V8 sogar 304. Mit seinem Radstand von 3259 mm war der Tundra Access Cab 5,52 Meter lang, die Crew-Cab-Ausführung bot gar 5,84 Meter

▲ 2008 wird die Produktion des Tundra nach Texas verlegt, wo Toyota auf dem Gelände der ältesten Ranch in den USA in der Nähe von San Antonio seine zweite Produktionsstätte eröffnet.

Länge bei einem Radstand von 3569 mm. Der Tundra wurde für Motor Trends „Truck of the Year Award" für das Jahr 2000 nominiert und die Zeitschrift Consumer Report erklärte ihn zum besten Full Size Truck.
Die Montage des großen Toyota erfolgte in der unternehmenseigenen Fabrik in Princeton, Indiana, mit Teilen, die zu 65 Prozent aus den USA stammten. Die Fabrik war auf eine Produktionskapazität von 120.000 Fahrzeugen im Jahr ausgelegt, die durch die Verkaufszahlen des Tundra auch ausgeschöpft wurden. Die Toyota-Manager waren dennoch nicht wirklich zufrieden, ebenso wie die US-Kundschaft, die die ihrer Meinung nach zu geringe Anhängelast von maximal 3216 kg monierte. Der Tundra der ersten Generation war also

nah dran an den amerikanischen Vorbildern, aber nicht auf Augenhöhe, was ihm den Spitznamen 7/8-Truck einbrachte.

2007 schickte sich Toyota an, diesen Umstand mit einer neuen, noch größeren und amerikanischeren Generation des Tundra zu korrigieren. Das Bild des 2008er Toyota Tundra Double Cab macht es deutlich: Allein das wuchtige Erscheinungsbild hat praktisch nichts Japanisches mehr, es passt voll zum US-Kundengeschmack. Die Bezeichnung Double Cab steht nun für das frühere Access Cab, das Crew Cab wurde in CrewMax umbenannt. Hier haben wir es mit einem Double Cab mit 2,44 Meter langer Ladefläche zu tun, wodurch der Truck satte 6,29 Meter lang wird, der größte im Angebot.

Die Zuladung des erneuerten Tundra betrug nun 910 kg, die maximale Anhängelast 4,5 Tonnen. Das galt natürlich für den Tundra mit dem stärksten verfügbaren Motor, einem 5,7-Liter-V8 mit 386 PS und verbunden mit einer 6-Gang-Getriebeautomatik. Darunter gab es den schon bekannten 4,7-Liter-V8 mit jetzt 280 PS und einen 4,0-Liter-V6 mit 236 PS, letzteren in Verbindung mit einer 5-Gang-Automatik. Keine Schaltgetriebe, keine Dieselmotoren.

Der Tundra war also in allen Bereichen aufgerüstet und konnte es mit den Platzhirschen F-150 und Silverado aufnehmen. Bereits in seinem ersten Jahr sicherte sich der Toyota 16 Prozent Marktanteil in seinem Segment. Die Japaner betonen außerdem, dass der Tundra der zweiten Generation zu 75 Prozent aus in Nordamerika hergestellten Einzelteilen besteht, was zu Mr. Trumps Leidwesen Kanada und Mexiko einschließt.

Ein PR-Husarenstück gelang Toyota am 12. Oktober 2012, als ein unmodifizierter Tundra das Space Shuttle „Endeavour" zog. Die „Endeavour" sollte nach ihrer Außerdienststellung von der Edwards Air Force Base rund 20 Kilometer zum California Science Center gebracht werden. Sie wurde auf einen speziellen Trailer gehievt, den dann vier ferngesteuerte Transportraupen zogen. Als das Gespann die Manchester Boulevard Bridge erreichte, die den Interstate Highway 405 überquert, mussten die Transportraupen abgekoppelt werden,

▼ Im Toyota-Werbespot über diese Aktion sieht man ein Blitzlichtgewitter wie bei einer Filmpremiere mit großen Stars. In Wirklichkeit waren keine Fotografen anwesend, die vermeintlichen Blitzlichter waren Stroboskoplampen.

weil das Gespann in dieser Konfiguration zu schwer gewesen wäre für die Brücke. Stattdessen nahm ein Toyota Tundra mit dem großen V8 und Allradantrieb das 133 Tonnen schwere Gespann an den Haken und zog es über die Brücke, eine Strecke von etwa 400 Metern. Natürlich wusste Toyota das zu nutzen und machte einen Werbespot daraus.

Auch nicht schaden konnte eine Meldung aus dem Jahr 2016, nach der ein Tundra-Besitzer aus Lousiana eine Million Meilen, das sind 1,6 Millionen Kilometer, mit seinem 2007er Modell zurückgelegt hatte. Die durchschnittliche Fahrleistung betrug rund 200.000 Kilometer pro Jahr. Toyota USA schenkte dem Mann einen brandneuen 2016er Tundra im Austausch gegen seinen alten, der im Werk auseinandergenommen und studiert werden sollte. 2019 wurde ein zweiter 2007er Toyota Tundra bekannt, der ebenfalls 1 Million Meilen Fahrleistung aufweisen konnte. Interessanterweise wurden beide „Millionäre" in derselben Werkstatt regelmäßig gewartet.

Der 2019er Toyota Tundra Limited in CrewMax-Ausführung ist das schwerste und teuerste Modell der Baureihe. Wegen seiner vergleichsweise kurzen Ladefläche (1,67 Meter) ist er mit einer Gesamtlänge von 5,81 noch deutlich kürzer als der Double Cab mit langer Ladebox. Im CrewMax ist der 5,7-Liter-V8 Serienausstattung, dazu ist er ab Werk für den Anhängerbetrieb ausgestattet mit separaten Kühlern für Motor- und Getriebeöl, einer integrierten Anhängerkupplung und verstärkten Bremsen.

▲ Der Toyota Tundra wird außer in den USA offiziell in Kanada, Mexiko, Panama, Honduras, Bolivien, Chile und Neukaledonien angeboten. Grauimporte nach China, Japan, Australien und in die Schweiz sind bekannt.

Das Erscheinungsbild wurde beim letzten Facelift zum Modelljahr 2014 geändert, vor allem das Kühlergesicht und die Motorhaube, aber auch die Heckklappe. Auch das Wageninnere wurde neu gestaltet. Die Motoren blieben weitgehend unverändert, aber der 4,0-Liter-V6 fiel 2015 weg, so dass der Tundra nur noch mit dem 4,6-Liter- und dem 5,7-Liter-V8 zu haben ist. Einen Diesel gibt es nach wie vor nicht.

Überhaupt fällt auf, dass Toyota bislang keine Anstrengung unternimmt, auch in das Marktsegment der Heavy-Duty-Pickups einzudringen, das von Fords F-250 und F-350 Super Duty, Chevrolets und GMCs 2500/3500 HD und dem Ram 2500/3500 besetzt ist. Im Gegensatz dazu hat Nissan mit dem Titan XD begonnen, auf diesem Feld, dass die Amerikaner bislang unter sich aufgeteilt hatten, zu jagen. Trotzdem übertrumpft Toyota den japanischen Rivalen bei den Verkäufen: 2018 wurden insgesamt 50.459 Nissan Titan und Titan XD verkauft gegenüber 118.852 Toyota Tundra. Von den Zahlen der US-Trucks sind beide aber weit entfernt, trotz ausgezeichneter Produkte. Aber wer weiß?

VOLKSWAGEN

Auf Wachstum programmiert

Die Entstehungsgeschichte Volkswagens dürfte so ziemlich jedem bekannt sein, zumindest im deutschsprachigen Raum, also halten wir es mit den alten Römern, die schon vor 2000 Jahren wussten: „Bis repetita non placent" – Wiederholungen gefallen nicht. Für unsere Zwecke genügt die Feststellung, dass der VW Käfer 1949 auf den Markt kam und der VW-Bus im März 1950 folgte, sowohl als Kombi als auch als Kastenwagen. Die Pickup- oder vielleicht in diesem Falle passender, die Pritschenwagen-Ausführung, wurde im Sommer 1952 vorgestellt.

Im Volksmund wurde und wird der VW-Bus vorzugsweise „Bulli" genannt, eine Zusammenziehung von Bus und Lieferwagen plus einem gespendeten „L". Offiziell hörte die erste Baureihe, die bis 1967 produziert wurde, auf die Bezeichnung T1. Das herausragende äußerliche Charakteristikum des ersten Bulli war natürlich die geteilte Windschutzscheibe aus ungewölbtem Glas. Die T1-Karosserie war selbsttragend konstruiert. Bei einem Radstand von 2400 mm war er rund 4,30 Meter lang und 1,75 breit. Der Pickup hatte eine durchgehende Ladefläche, unter der der klassische luftgekühlte Vierzylinder-Boxer im Heck eingebaut war.

Der Motor stammte aus dem Käfer, leistete 25 PS bei 1,1 Litern Hubraum und hatte, zusammen mit dem Viergang-Schaltgetriebe, viel zu tun bei dem fast eine Tonne schweren Fahrzeug, das zudem für eine Zuladung von 750 kg zugelassen war. Das Transportgut wurde von drei klappbaren Ladebordwänden mit einer Höhe von 375 mm gesichert. Wem diese Ladefläche zu klein war, der konnte auch auf eine größere Variante in Holzkonstruktion zurückgreifen. Wer das Fahrerhaus zu klein fand, dem stellte Volkswagen ab 1958 eine Doppelkabine zur Wahl, in der bis zu sechs Personen Platz fanden. Der Doka hatte eine Ladefläche von 2,75 Quadratmetern und konnte bis zu 940 kg zuladen. Dafür benötigte er aber mehr Leistung, die ihm ein 1,2-Liter-Boxer mit 30, später 34 PS lieferte. Ab 1964 gab es dann zusätzlich einen 1,5-Liter mit 42 PS.

Der T2

Im August 1967 ersetzte der T2 seinen bis dahin gebauten Vorläufer, und wieder war auch ein Pritschenwagen dabei. Der war gegenüber seinem Vorläufer etwa 20 cm länger bei gleichem Radstand und gleicher Breite. Die gewölbte Windschutzscheibe war nun ungeteilt und wie der Rest der Fenster viel größer. Der T2 Doka war sechssitzig und hatte eine Ladefläche mit den Abmessungen 1,85 × 1,57 Meter, was 2,9 Kubikmetern entspricht. Wer die hintere Sitzbank herausnahm, gewann weitere 1,8 Kubikmeter Stauraum dazu. Was die Motorisierung anging, so waren im Laufe der Bauzeit des T2 bis 1979 Vierzylinder-Boxermotoren von 1,6 bis 2 Liter Hubraum im Angebot, die 47 bis 70 PS leisteten und (mit zwei Litern) erstmals mit einem dreigängigen Automatikgetriebe gekoppelt werden konnten. Die Schaltfaulen hat's gefreut – bis sie auf die Tankanzeige schauten. Da durften es gerne auch mal 16 l/100 km sein; der Saufkäfer ließ grüßen. Kleiner Motor und Automatik waren früher ein sicherer Weg, seinen Tankwart glücklich zu machen.

Andererseits waren mit dem stärksten Motor nun auch über 125 km/h Höchstgeschwindigkeit drin, im Vergleich zum Vormodell ein veritabler Geschwindigkeitsrausch. Außerdem konnte der bis zu 1,3 Tonnen schwere T2 eine ganze Tonne Ladegut befördern, ein echter Zugewinn an Nutzlast. Der T2 wurde übrigens nicht nur in Deutschland, sondern auch in Südamerika für den dortigen lukrativen Markt produziert und das weit über sein deutsches Produktionsende im Herbst 1979 hinaus.

▼ Der 1952-67er VW T1 Pritschenwagen hat zusätzlich einen geschlossenen Laderaum unter der Ladefläche. Das Staufach zwischen Fahrgastzelle und Motorraum ist durch eine Seitenklappe zugänglich.

▼ Der 1967er VW T2 in Doppelkabinen-Ausführung kostet 7995 Mark ohne Sonderausstattung. Dazu gibt es einen Einzelkabiner mit normaler oder mit Großraumpritsche.

Der T3

In der dritten, von 1979 bis 1992 gebauten Transportergeneration blieb es bei der Frontlenker-Konstruktion mit Heckmotor in den Ausführungen Pickup, Pickup mit großer Pritsche und Doppelkabine. Auf den ersten Blick erkennt man jedoch die wiederum gewachsenen Abmessungen im Vergleich zu den Vorgängern. Der T3 war sowohl länger (bis zu 4,64 Meter) als auch breiter (bis zu 1,87 Meter) und hatte mit bis zu 2480 mm auch einen längeren Radstand als zuvor. Die Nutzlast wuchs um eine weitere Vierteltonne, womit sich das zulässige Gesamtgewicht des VW-Pickups auf bis zu 2,7 Tonnen erhöhte.

Dem wurde durch ein Motorenangebot Rechnung getragen, das sich im Laufe der Bauzeit des T3 maßgeblich veränderte. Zu Anfang fanden sich die bekannten luftgekühlten Boxermotoren im Heck des Transporters, ein 1,6-Liter-Vierzylinder mit 50 und ein 2,0-Liter-Vierzylinder mit 70 PS. Schon bald aber ging die Ära dieser Motorenbauart bei Volkswagen zu Ende, und 1981 gab es den ersten Diesel im T3, einen wassergekühlten 4-Zylinder-Reihenmotor mit 50 PS.

Im Jahr darauf begann der Einstieg in die Ära der Wasserboxer, alles Vierzylinder, die zunächst 1,9 und später 2,1 Liter Hubraum aufwiesen und im Laufe der Bauzeit bis zu 112 PS Leistung abgaben. Weitere Neuerungen während dieser Modellgeneration waren die Einführung des Dreiwege-Katalysators für den 2,1-Liter-Benziner ab 1985 und das Debüt des 1,6-Liter-Turbodiesel im Jahre 1984. Furore machte außerdem zu jener Zeit der T3 syncro mit Allradantrieb, der mit einer Viskokupplung arbeitete, die die Motorkraft lastabhängig an Vorder- und Hinterräder variabel verteilte.

Überlieferter Praxis folgend bot VW für den T3 eine lange Aufpreisliste an, aus der sich der geneigte Käufer bedienen konnte. Zu den verfügbaren Extras gehörte Luxuriöses wie das 3-Gang-Automatikgetriebe, Bremskraftverstärker, Servolenkung, elektrische Fensterheber, Zentralverriegelung, Klimaanlage und Allradantrieb, aber auch scheinbar Gewöhnliches wie Rückfahrleuchten, Kopfstützen, Intervall-Scheibenwischer, Zeituhr und Drehzahlmesser. Manches wurde im Laufe der Jahre zum Teil der Serienausstattung, die auch in deutschen Autos immer üppiger wurde, vor allem dank der fernöstlichen Konkurrenz, die etablierte Autohersteller auf beiden Seiten des Atlantiks immer stärker unter Druck setzte.

Der VW T3 in allen Varianten wurde von 1979 bis 1990 im VW-Werk Hannover produziert, von 1984 bis 1992 zusätzlich in Graz in der Steiermark bei Steyr-Daimler Puch.

◄ Beim VW T3 spielt die Fahrsicherheit eine verstärkte Rolle, sowohl aktiv bei der Fahrwerksauslegung als auch passiv bei der Vergrößerung der Knautschzone und der allgemeinen Verstärkung der Fahrgastzelle.

▲ Der blaue Doka-Pickup hat zwar ein verräterisches Wolfsburger Kennzeichen, aber beim VW-Händler gibt es so etwas nicht zu kaufen. Solche Spezialtransporter auf T4-Basis baut die Firma Stahl Exclusiv, die auch Sattelzugmaschinen in dieser Konfiguration bot.

Der T4

Mit dem T4 vollzog VW einen radikalen Bruch mit der Vergangenheit - nun war Schluss mit dem Heckmotor. Das bedeutete endlich eine unzerklüftete Landschaft im Laderaum des Kombis, und dank der komplett im Bug untergebrachten Antriebstechnik ließ sich nun achtern ein Lastwagenheck mit allen Möglichkeiten installieren, die so ein Rahmen bietet.

Damit war allerdings auch Schluss mit der pickupmäßigen Anmutung der ersten drei Baureihen. Aber: Von T4 und Nachfolgern gab es schicke Pickup-Entwürfe. Der auf dieser Seite abgebildete Doka-Pickup basiert auf einem Entwurf der Firma Stahl, die 1992 für VW gar einen Sattelschlepper auf T4-Basis für die Nutzfahrzeug-IAA baute. So hat es immer wieder Umbauten der neuen Frontantriebs-Bullis in Pickups nach klassischem Muster gegeben - gern auch flott motorisiert.

Der Caddy

Volkswagen beschränkte sich nicht darauf, bloß die bestehende Bulli-Plattform weiterzuentwickeln, sondern erschloss sich neue Märkte mit neuen Produkten auch im Pickup-Bereich. Der erste Streich war der VW Caddy, der in zwei Generation von 1978 bis 2000 gebaut wurde.

Der Caddy war ein VW Golf 1 mit offener Ladefläche und hieß werksintern Typ 14D. Angesichts des blühenden Pickup-Marktes in den USA wurde er auf dessen Bedürfnisse zugeschnitten, um mit Kompakt-Trucks wie dem Ford Courier oder dem Chevrolet LUV Truck zu konkurrieren und sich ein Stück des Kuchens abzuschneiden. Vermarktet wurde er in Nordamerika (Kanada wurde später ebenfalls bedient) unter dem Namen VW Rabbit Pickup und galt als „coupe utility" wie vergleichbare Pkw-basierte leichte Trucks in den USA oder in Australien.

Der Rabbit konnte trotz seiner geringen Größe 625 kg auf seiner 1,85 Meter langen und 1,30 Meter breiten Ladefläche verstauen und 800 kg gebremste Anhängelast ziehen. Das Fahrwerk mit einer starren Hinterachse und Blattfedern sowie vorderer Einzelradaufhängung kam damit zurecht. Als Kraftquelle dienten in den USA ein 1,6 Liter großer Vierzylinder-Benziner mit 78 PS und ein 1,7-Liter-Benziner mit 74 PS, außerdem ein 48 PS

▲ Made in Yugoslavia: Anfang der Achtziger taucht der Golf mit der großen Ladefläche auch in Deutschland auf, wo man es mit Pickups noch nicht so hat.

WOB-AZ 329

◀ Was macht Sonnyboy Surfertyp mit seinem funkelnagelneuen Caddy auf dem feinen Werftgelände? Zweifellos betört er gerade mit seinem rustikalen Wellenreitercharme zwei prototypische Achtziger-Beauties weg vom dekadenten Kajütkreuzer und hin zum wahren Glauben.

◀ Kleines Glück im Arboretum: Der ganz große Kick im Jahr des Herrn 1981 ist die Fahrt zur örtlichen Baumschule im neuen Caddy Pickup aus der Produktion in New Stanton, Westmoreland County, Pennsylvania, den Daddy gestern vom Dealer geholt hat.

starker 1,6-Liter-Diesel mit 4- oder 5-Gang-Getriebe. 1982 kam der kleine Truck auch nach Europa, wo er unter dem Namen Caddy angeboten wurde. Caddy stand natürlich nicht für die Verniedlichungsform von General Motors' Luxusmarke Cadillac, sondern für den Jungen, der beim Golf die Tasche mit den Schlägern schleppt oder zieht, dem Spieler das passende Eisen reicht und nach fehlgeschlagenen Bällen sucht, kurzum, der beim Golf alles tut außer Golf zu spielen. Die einzigen äußeren Unterschiede zwischen US-Rabbit und dem hier abgebildeten Europa-Golf waren die runden Scheinwerfer anstelle der eckigen Sealed Beams und der Wegfall der in den USA vorgeschriebenen fetten Stoßstangen, die laut Gesetzgeber einem Aufprall mit fünf Meilen pro Stunde (8 km/h) widerstehen können mussten, ohne sich zu verformen.
Europäische Caddys wurden entweder von einem 70 PS starken 1,5-Liter-Vierzylinder-Benziner oder einem 1,6-Liter-Vierzylinder-Diesel mit 54 PS angetrie-

▼ Der VW Caddy Pickup der zweiten Modellgeneration (Skoda Felicia) wird bis 2000 im Skoda-Werk Kvasiny in der Tschechischen Republik gebaut.

ben, gekoppelt mit einem Viergang-Schaltgetriebe und natürlich, Golf-typisch, Frontantrieb. Gebaut wurde er kostengünstig bei der VW-Tochtergesellschaft TAS in Sarajevo im damaligen Jugoslawien, wo jährlich zwischen 12.000 und 15.000 Exemplare vom Band liefen. Der Krieg in Bosnien-Herzegowina beendete 1992 die europäische Produktion des VW Caddy. In Südafrika hingegen, wo er ebenfalls seit seiner Einführung gebaut wurde, blieb der Caddy dieser ersten Generation, ebenso wie der Golf 1 als Limousine, bis 2007 im Programm.

Der Caddy der zweiten Generation war eigentlich ein Skoda Felicia mit VW-Kühlergrill. Begonnen hatte alles bei der spanischen Volkswagen-Tochter Seat, die Anfang der 1990er Jahre auf Basis der A03-Plattform der Volkswagen-Gruppe den Ibiza entwickelt hatte, den iberischen Bruder des VW Polo. Vom Ibiza abgeleitet wurde der Kastenwagen Seat Inca, der wiederum ab 1996 von Skoda, der tschechischen VW-Dependance, als Pickup unter dem Namen Felicia angeboten wurde. Daran schloss sich schließlich Volkswagen selbst an und brachte den Felicia als VW Caddy heraus, zunächst als Kastenwagen und Kombi, kurze Zeit später als Pickup unter der Bezeichnung Typ 9U. Der Caddy/Felicia überzeugte mit einer zwei Quadratmeter großen Ladefläche und immerhin 530 kg Nutzlast, was ihn für gewerbliche Nutzer attraktiv machte. Die wurden bei Volkswagen ab 1995 durch eine separate Marke bedient, die Volkswagen Commercial Group Vehicles.

Der 4,12 Meter kurze Pickup konnte ab Werk mit einem abnehmbaren Kunststoff-Hardtop für die Ladefläche ausgestattet werden, das über zwei verglaste Heckflügeltüren verfügte. Unter der Haube arbeiteten entweder ein 1,6-Liter-Vierzylinder-Benziner mit 75 PS oder ein 1,9-Liter-Diesel mit 64 PS, ebenfalls ein Vierzylinder, der auch mit so genanntem Biodiesel betrieben werden konnte, also aus Energiepflanzen wie Raps gewonnenem Kraftstoff. Der Motor trieb mittels Fünfgang-Schaltgetriebes die Vorderräder an. Der VW Caddy Pickup wurde bis 2000 angeboten, der Skoda Felicia Pickup bis 2001 gebaut. Der heutige VW Caddy ist nicht in einer Pickup-Version erhältlich.

Der Amarok

Im Juniheft 2019 der Zeitschrift *Auto Bild* alles allrad traten ein VW Amarok und ein Mercedes X-Klasse-Pickup gegeneinander an, beide Doppelkabiner mit viel Komfortausstattung und mit V6-Turbodieselmotoren und Getriebeautomatik üppig motorisiert und so gar nicht die kargen, rauen Nutzfahrzeuge für Land- und Forstwirtschaft, als die sie eigentlich gedacht waren und beworben wurden. Der VW, im getesteten Zustand mit einem Preis von 51.932 Euro günstiger als der 53.360 Euro teure Mercedes und obendrein mit beheizten Ledersitzen und LED-Scheinwerfern besser ausgestattet, erwies sich als komfortabler und handlicher auf der Straße, wo beide meistens gefahren werden, zumindest in Europa.

199 km/h Höchstgeschwindigkeit schaffte der Amarok auf der Autobahn mit seinem 258 PS starken Dreiliter, die Beschleunigung von 0-100 km/h dauerte 7,8 Sekunden, von 0-160 vergingen 20,8 Sekunden. Außer bei der Höchstgeschwindigkeit, die beim Mercedes 6 km/h höher lag als beim VW, schnitt der Amarok besser ab. Über-

► Der Name Amarok stammt laut Volkswagen aus der Sprache der Inuit, der Ureinwohner der Polarregionen Grönlands, Kanadas und Alaskas, und soll ein wolfähnliches mythisches Wesen bezeichnen.

legen zeigte er sich auch in der praktischen Nutzbarkeit: Trotz kürzeren Radstands (3097 gegenüber 3250 mm) und geringerer Außenlänge 5254 gegenüber 5340 mm) bot der Amarok mehr Platz im Innenraum sowie eine längere (1,51 vs. 1,49 Meter) und breitere (1,61 vs. 1,50 Meter) Ladefläche von 2,43 Quadratmetern.

Der VW Amarok, vorgestellt im Jahre 2010 als eigenständiges Volkswagen-Produkt, ist der erste Pickup des Unternehmens, der es ernsthaft mit Rivalen wie Ford Ranger, Mitsubishi L200 und Nissan Navara aufnehmen kann. Mit einer Tonne Nutzlast und 3,5 Tonnen gebremster Anhängelast passt er genau in die populäre Klasse der mittelgroßen Pickups, die sowohl für Nutzanwender als auch für das unverzichtbare städtische Publikum interessant sind. Erhältlich war er zunächst nur in Doppelkabinen-Ausführung, die Single Cab-Version kam 2011 heraus.

Die Motorisierung erledigten anfangs verschiedene Ausführungen eines einzigen Motors, eines 2,0-Liter-Vierzylinder-Turbodiesels mit 122 und 163 PS. Die schwächere Version wich nach 2011 einer mit 138 PS, außerdem gab es ab 2012 noch eine Biturbo-Variante mit 179 PS. Wer Ottomotoren bevorzugte, konnte ab 2011 einen Zweiliter-Vierzylinder-Benziner mit 160 PS wählen. Außer dem serienmäßigen 6-Gang-Schaltgetriebe gab es ab 2012 eine Achtgang-Automatik. Es gibt den Amarok außerdem mit Heckantrieb sowie zuschaltbarem und permanentem Allradantrieb, genannt Shiftable 4Motion und Permanent 4Motion. Letzterer arbeitet mit einem Torsen-Differenzial, das die Motorkraft im Verhältnis 40:60 auf Vorder- und Hinterachse überträgt.

Der Amarok ist ein echtes Weltauto: Gebaut wurde er zunächst ausschließlich im VW-Werk General Pacheco bei Buenos Aires in Argentinien, seit 2012 aber auch in Hannover. Der V6-Turbodiesel, der übrigens im Herbst 2016 das Motorenprogramm ergänzte, wird in VWs ungarischem Motorenwerk produziert und in Hannover eingebaut. Überall auf der Welt ist der Amarok zu haben, außer in den USA und Kanada. Der Grund: Die USA erheben schon seit den 1960er Jahren 25 Prozent Zoll auf importierte Trucks, die EU übrigens nur 10 Prozent. Bei Pkw ist es andersherum, die EU-Importzölle sind höher als die amerikanischen. VW hat allerdings den Namen Amarok schon registrieren lassen, was auf die Absicht hindeutet, den Truck künftig auch in die USA zu exportieren oder vielleicht sogar vor Ort in Volkswagens US-Werk in Chattanooga, Tennessee, zu bauen. Who knows?

EXOTEN

Da war doch noch was ...? Stimmt. Wie schon am Anfang dieses Buches gesagt, kann ein solches Werk unmöglich alle Pickups dieser Welt von gestern und heute behandeln geschweige denn abbilden, nicht einmal ansatzweise. Die vorangegangen Markenkapitel haben dem Leser hoffentlich einen interessanten Einblick in Geschichte und Modelle der aufgeführten Automobilhersteller verschafft, aber es bleiben natürlich noch einige Trucks übrig.
Um ihnen eine Präsenz zu verschaffen, wurden einige bisher ausgefallene oder seltene oder sonstwie erwähnenswerte Pickups hier einmal beispielhaft aufgelistet und in Szene gesetzt. Da tauchen so manche Automarken auf, von denen man vielleicht nicht einmal wusste, dass sie überhaupt jemals Pickups gebaut haben. Andere Marken sind möglicherweise nur Eingeweihten bekannt. Außerdem werden Modelle gezeigt, die von durchaus bekannten Herstellern stammen, aber so selten, so kurzlebig oder so erfolglos waren, dass man sie berechtigterweise als Exoten bezeichnen kann.
Manche der hier abgebildeten Trucks sind oder waren Einzelstücke oder Studien, die nie die Serienreife erlangten. Andere sind oder waren außerhalb ihres meist weit entfernten Herkunftslandes kaum oder gar nicht bekannt. Damit der Leser trotzdem zumindest eine Auswahl dieser seltenen Vögel kennenlernen oder wiedersehen kann, wurde dieses Kapitel eingerichtet. Es beginnt mit dem unten gezeigten „Hoonitruck", einem 1977er Ford F-150, den der berühmt-berüchtigte Renn- und Stuntfahrer Ken Block für seine Zwecke aufgebaut hat. Der „Hoonitruck" ist eine Spezialanfertigung mit Allradantrieb und einem auf 914 PS aufgeblasenen 3,5-Liter-V6, der dem Ford GT-Rennwagen entstammt. Mehr über diesen Pickup gibt es etwa auf YouTube, mehr über die anderen Exoten auf den folgenden Seiten. Enjoy.

ALFA ROMEO 1750

► Nein, Pickups gehörten nie zum feinen Angebot von Alfa Romeo, auch wenn die Italiener lange Liefer- und Lastwagen und sogar Busse bauten. Dieser 1750 wurde aber eigens für die hauseigene Teststrecke Balocco zur schnellen Feuerwehr umgebaut.

AUSTIN MORRIS MARINA

► In der Limousine eher unkomfortabel, für den Pickup aber günstig war die uralte hintere Starrachse des Austin Morris Marina. Allzuviele wurden nicht gebaut, das Bild zeigt eine 1974er de-Luxe-Version.

AWS SHOPPER

► Goggo inside: Mit der Technik des Goggomobils T250 schuf Ex-Borgward-Händer Walter Schätzle ein vielseitiges Rudimentärauto, das aber floppte. Nur rund 1700 wurden gebaut, der Pickup blieb ein Prototyp.

BMW M3

► Sehr witzig: Am 1. April 2011 präsentierte BMW in einer offiziellen Pressemitteilung den M3 Pickup als „vierte Karosserievariante" nach Limousine, Coupé und Cabrio. Bei dem attraktiven 420 PS starken „Eiltransporter" mit herausnehmbarem Dachteil auf Basis des M3 Cabrio (Baureihe E 93) handelt es sich allerdings keineswegs um ein Serienfahrzeug, wie im Vorfeld mit Erlkönig-Fotos suggeriert wurde, sondern lediglich um ein Einzelstück für den internen Einsatz als Werkstatt-Transportfahrzeug.

CITROËN 2CV

► Nur für die Insel: In den 1950er Jahren versucht Citroën vergeblich die exklusiv in Großbritannien als Pickup gebaute Ente unters Volk zu bringen. Nennenswerte Stückzahlen (in Dutzenden gemessen) nimmt nur das Militär, das die schön leichten und einigermaßen geländetauglichen Lade-Enten luftverladbar von Hubschrauberträgern aus einsetzt.

DODGE DEORA

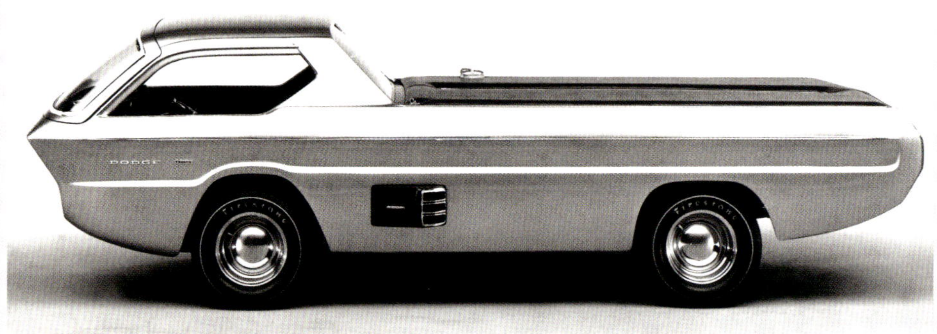

► Den Dodge Deora schufen die Gebrüder Alexander auf Basis eines Frontlenker-Pickups A100 für die Detroit Autorama 1967. Die Designstudie mit einer Art Drehtür an der Front und wegklappbarer Lenksäule à la Isetta spielte auch eine wichtige Rolle für den Spielzeugautohersteller Hot Wheels. Der Miniatur-Deora gehörte 1968 zur allerersten Serie.

DODGE RAMPAGE

► Der von 1982-84 gebaute kompakte Dodge Rampage war der erste und einzige US-Pickup mit Frontantrieb. Sein 2,2-Liter-Vierzylinder leistete 84 PS und strafte sein sportliches Aussehen Lügen. Das und seine zweifelhafte Verarbeitungs- und Funktionsqualität sorgten für schnell sinkende Produktionszahlen und den frühen Abgang des glücklosen Mini-Trucks.

FORD FIESTA FANTASY

► 1978 zeigte Ford auf der Chicago Auto Show mal was ganz anderes zum Thema Pickup: Der Fiesta Fantasy war eine Studie aus der Advanced Vehicles Development Group des Konzerns. Anstoß für die Entwicklung des nie in Serie gegangenen Minis war ein Entwurf aus der Kölner Filiale für ein „Traumauto für junge Leute".

FORD PAMPA

► Den Ford Pampa baute Ford do Brasil zwischen 1982 und 1997. Er basierte auf den Pkw Corcel und Del Rey, die vom Renault 12 abgeleitet waren. Der Pampa war front- oder allradgetrieben, maß 4,42 Meter in der Länge und 1,67 Meter in der Breite und wurde von einem 1,6-Liter-Vierzylinder mit bis zu 75 PS von Ford oder ab 1989 auch von einem 1,8-Liter-Vierzylinder von VW angetrieben. Damit erreichte er leer mehr als 160 km/h.

GMK CHEVROLET SAEMAEUL

► Was zum Geier ist das denn? Den hab' ich ja noch nie gesehen. Stimmt, denn um diesen Pickup zu sehen, müsste man Koreaner sein. Es handelt sich um einen 1974er GMK Chevrolet Saemaeul, wobei GMK für „General Motors Korea" steht – Süd natürlich – und Chevrolet, na, ist wohl klar. Saemaeul ist Koreanisch für „neues Dorf". Der Pickup basierte auf dem Chevrolet S-10 (siehe dort), wurde aber für den koreanischen Markt an Ort und Stelle mit einer eigenen Karosserie versehen und später unter dem Markennamen Daewoo verkauft.

GMC DENALI

► Der GMC Denali XT war eine Studie, die im Februar 2008 auf der Chicago Auto Show vorgestellt wurde. Der 5,20 Meter lange und 1,94 Meter breite Denali ruhte auf einem satten, 3185 mm langen Radstand und wurde von einem 4,9-Liter-V8, basierend (natürlich) auf dem Chevy Small Block angetrieben. Es handelte sich um einen Flex-Fuel-Motor, der sowohl mit Benzin als auch mit Erdgas oder Ethanol betrieben werden konnte, letzteres zur Freude der US-Maisfarmer, die den subventionierten Energierohstoff liefern sollten. In Serie ging der Denali XT nie.

HUMMER

► Der Hummer (nur gänzlich Uneingeweihte denken jetzt an das wohlschmeckende Seetier) H1 war eigentlich für das US-Militär gedacht, wurde dann aber auch der Zivilbevölkerung zum Kauf angeboten, wovon beispielsweise Arnold „I'll be back" Schwarzenegger Gebrauch machte. Der abgebildete Hummer ist ein H3, die kleinste und bürgerlichste Ausführung, die General Motors von 2005 bis 2010 auf Basis des Chevy Colorado (siehe dort) baute und zwar ausschließlich für Zivilisten, die das Army-Feeling und einen 5,3-Liter-V8 für den Supermarktbesuch brauchten. Ach ja, eine kleine Ladefläche mit 1,52 Meter Länge hatte die Pickup-Version auch.

LANCIA ARDEA

► Gesegnete Ladung: Dieser Lancia Ardea Camioncino soll einst im Auftrag des Papstes Blumenerde und Setzlinge transportiert haben. Er gehörte einst zum vatikanischen Fuhrpark.

MERCEDES-BENZ VRC

► Aus eins mach vier: Das Vario Research CAR VRC war eine Studie, mit der Mercedes 1995 allerhand ausprobierte: eine Art Baukastenauto, aus dem sich Limousine, Cabrio, Kombi und Pickup, Drive-by-wire-Technik, CFK-Aufbau und Frontantrieb mit Stern machen ließen.

MERCEDES STRICHACHT

► Auch das gab es: In Argentinien baute Mercedes-Benz von 1972 bis 1976 den 220 D „La Pickup" auf Basis des W 115 (Strichacht). Es gab ihn mit Einzel- und mit Doppelkabine. Der abgebildete Wagen stammt allerdings von Karosseriebauer Binz.

MORRIS MINOR

► Insellösung: Auch den Dauerbrenner Morris Minor gab es in einer Pickup-Version.

PIAGGIO APE

► Das krasse Gegenteil des Fullsize-Pickups made in USA ist der Dreirad-Senior Ape, den Vespabauer Piaggio 1947 erstmals in die engen Gassen italienischer Kleinst- bis Großstädte entließ. Die Biene mit Zweitakter oder Diesel ist immer noch weltweit unterwegs.

PHOENIX

► Phoenix Motorcars aus Ontario, Kalifornien, entwickelt vollelektrische Nutzfahrzeuge für Flottenkäufer auf Basis der Chassis von F-350/450-Vans von Ford. Ein ganz anderes Produkt ist der 2007 vorgestellte Phoenix SUT (Sport Utility Truck), im Grunde ein SsangYong Actyon mit Elektromotor und einer Reichweite von rund 150 Kilometern. Ergänzend zum SUT gibt es eine geschlossene Variante SUV.

RENAULT COLORALE

► Der Robuste: Kurz nach dem Zweiten Weltkrieg stellte Renault seinem neuen 4CV eine Variante namens Colorale zur Seite. Das Kunstwort ist eine Kombination aus coloniale (gleichsam für die Überseegebiete) und rurale (ländlich). Rund 43.000 wurden gebaut, darunter auch Pickups, von denen es 1500 gar mit Allrad gab.

SHANGHAI

► Der Shanghai SH 760 war bis zur breiteren Motorisierung in der jüngsten Vergangenheit in China der meistverbreitete Pkw. Die Pickupversion hatte drei Türen.

TRABANT

► Wendeverlierer: Aus dem Trabant Pickup, der für 1990 ins Auge gefasst war, wurde nichts mehr. Die Tage des DDR-Klassikers waren bereits gezählt.